Quellen und Studien zur Geschichte der Mathematik, Astronomie und Physik / Abt. A, Bd. 4

Von den „Quellen und Studien zur Geschichte der Mathematik, Astronomie und Physik" erscheinen in zwangloser Folge zwei Publikationen. Die eine Abteilung, A Quellen, umfaßt die eigentlichen Originalausgaben größeren Umfangs mit möglichst getreuer Übersetzung. Die zweite Abteilung, B Studien, enthält Abhandlungen, die mehr oder weniger mit dem Material der Quellen zusammenhängen. Vier Hefte der Abteilung B werden zu einem Bande zusammengefaßt, jährlich erscheint höchstens ein solcher Band. Die Quellenbearbeitungen der Abteilung A bilden jeweils einzelne Bände.

Die Verfasser erhalten von Abhandlungen der Abteilung B bis zu 32 Seiten 25 Sonderdrucke, von Arbeiten größeren Umfangs und von Referaten 10 Sonderdrucke kostenfrei, weitere können nur gegen Berechnung geliefert werden.

Mit der Lieferung von Dissertationsexemplaren befaßt sich die Verlagsbuchhandlung grundsätzlich nicht; sie stellt aber den Doktoranden den Satz zur Verfügung zwecks Anfertigung der Dissertationsexemplare durch die Druckerei.

Manuskriptsendungen sind an einen der beiden Herausgeber zu richten:

Professor Dr. **O. Neugebauer,** Kopenhagen Ø, Blegdamsvej 15, Matematisk Institut;

Professor Dr. **O. Toeplitz,** Bonn, Coblenzer Str. 102.

Zugelassene Sprachen für Aufsätze der Abteilung B sind: Deutsch, Englisch, Französisch und Italienisch.

Manuskripte müssen in vollständig druckfertigem Zustand eingeliefert werden (möglichst in Schreibmaschinenschrift). Alle Korrekturkosten, die 10% der Satzkosten der jeweiligen Arbeit überschreiten, werden den Herren Verfassern in Rechnung gestellt.

Die Erledigung aller nichtredaktionellen Angelegenheiten, die die Zeitschrift betreffen, erfolgt durch die

Verlagsbuchhandlung Julius Springer in Berlin W 9, Linkstraße 23/24.
Fernsprecher: B 1 Kurfürst 8111.

Mathematischer Papyrus
des Staatlichen Museums der schönen Künste in Moskau

Herausgegeben und kommentiert von

W. W. Struve

unter Benutzung einer hieroglyphischen Transkription von **B. A. Turajeff**

(Quellen und Studien zur Geschichte der Mathematik, Abteilung A: Quellen, 1. Band)

Mit 15 Textfiguren und 10 Klapptafeln mit photographischer Reproduktion des Textes und entsprechender hieroglyphischer Umschrift. XII, 198 Seiten. 1930. RM 48.80

Inhaltsverzeichnis:

Einleitung. Beschreibung des Papyrus: 1. Die Rekonstruktion des Papyrus. 2. Die äußere Beschreibung des rekonstruierten Papyrus. 3. Die Paläographie des Papyrus. 4. Die Orthographie des Papyrus. 5. Sprachliche Besonderheiten. 6. Die stereotypen Formeln der Aufgaben. 7. Die Terminologie der 4 Spezies im M. P. 8. Terminologie der übrigen Rechenoperationen. 9. Konstruktion der Resultatangaben. 10. Rechen- und Lesefehler. 11. Kurze Inhaltsangabe des Papyrus. 12. Charakteristik des Papyrus. Übersetzung und Kommentar: 1. Schiffsteil-Aufgaben. 2. *Pśw*-Aufgaben: I. Die elementaren *pśw*-Aufgaben. II. Die *bś3-bnr*-Aufgaben. III. Die *'pr*-Aufgaben. IV. Die *bś3 mj bnr*-Aufgabe. V. Die *bd . t*-Aufgabe. 3. Die *śbn*-Aufgabe. 4. Die *b3k . w*-Aufgaben. 5. Die *'ḥ'*-Aufgaben. 6. Die *śttjw*-Aufgabe. 7. Die *ldb*-Aufgaben. 8. Die Pyramidenstumpf-Volumen-Aufgabe. 9. Die *3ḫ . t*-Aufgaben.

Ergebnisse: 1. Die Anfänge der wissenschaftlichen Betrachtungsweise in der ägyptischen Mathematik. 2. Die Genauigkeit der Terminologie. 3. Die Entdeckung des Lehrsatzes vom Inhalt des quadratischen Pyramidenstumpfes. 4. Die Entdeckung des Lehrsatzes von der Kugel-Oberfläche. 5. Das Verhältnis zur babylonischen und griechischen Mathematik. 6. Die ägyptische Wissenschaft.

Glossar. Namen- nnd Sachregister. Korrigenda zur hieroglyphischen Transkription.

Verlag von Julius Springer in Berlin

QUELLEN UND STUDIEN
ZUR
GESCHICHTE DER MATHEMATIK
ASTRONOMIE UND PHYSIK

BEGRÜNDET VON O. NEUGEBAUER, J. STENZEL, O. TOEPLITZ

HERAUSGEGEBEN VON

O. NEUGEBAUER UND O. TOEPLITZ
KOPENHAGEN   BONN

ABTEILUNG A:
QUELLEN

4. BAND

EIN WERK ṮĀBIT B. QURRA'S
ÜBER EBENE SONNENUHREN

(كتاب ابى الحسن ثابت بن قرّة

فى آلات الساعات التى تُسمَّى رُخامات)

HERAUSGEGEBEN, ÜBERSETZT UND ERLÄUTERT
VON

KARL GARBERS

Springer-Verlag Berlin Heidelberg GmbH
1936

EIN WERK ṮĀBIT B. QURRA'S ÜBER EBENE SONNENUHREN

(كتاب ابى لحسن ثابت بن قرّة

و آلات الساعات التى تُسمّى رُخامات)

HERAUSGEGEBEN, ÜBERSETZT UND ERLÄUTERT

VON

KARL GARBERS

Springer-Verlag Berlin Heidelberg GmbH

1936

ISBN 978-3-662-27354-8   ISBN 978-3-662-28841-2 (eBook)
DOI 10.1007/978-3-662-28841-2

Vorwort.

Nach Abschluß meiner Arbeit über den bisher unbekannten Traktat
T̲ābit b. Qurra's ist derselben sachlich nichts weiter voranzuschicken.
Alles, was über den Traktat, seine historische Bedeutung und Ein-
ordnung, das einzige vorhandene Manuskript zu sagen ist, enthält die
Einleitung.

Es bleibt mir somit nur die angenehme Pflicht, allen denen, die
sich um die Förderung und das Erscheinen des bedeutenden Werkes
von T̲ābit verdient gemacht haben, hier meinen verbindlichsten Dank
zum Ausdruck zu bringen: in erster Linie Herrn Prof. Ritter in
Istanbul, der die Sammlung T̲ābit'scher Schriften auffand, in welcher
vorliegender Traktat enthalten ist, und der mich auf diese Arbeit
aufmerksam machte; sodann den Herren Proff. Schaade, Blaschke und
Strothmann in Hamburg, Herrn Prof. Björkman (Berlin), Herrn Lektor
Dr. Khemiri und Herrn Dr. Krause (Hamburg) für ihre freundliche
Förderung und Unterstützung; im besonderen auch Herrn Prof. Neugebauer (Kopenhagen) sowie dem Verlag J. Springer (Berlin), die es
ermöglichten, die Arbeit ungekürzt und mit der nötigen reichhaltigen
Ausstattung an Figuren herauszubringen.

Ivenack, im November 1936.

K. Garbers.

Inhaltsverzeichnis.

(Die Ms.-Seiten sind im arabischen Text und in der Übersetzung
am Rande bezeichnet.)

Einleitung.

I.

In den „Quellen und Studien zur Geschichte der Mathematik, Astronomie und Physik" Abt. B, Bd. 2, Heft 2, veröffentlichte O. Spies zusammen mit E. Bessel-Hagen eine Abhandlung T̲ābit b. Qurra's über einen halbregulären Vierzehnflächner. Diese Abhandlung T̲ābit's findet sich mit zwei weiteren desselben Verfassers in einem Manuskript, welches H. Ritter in der Köprülü-Bibliothek zu Stambul entdeckte. Spies macht in seiner Arbeit auch von den beiden unveröffentlichten Schriften Mitteilung, bespricht das Manuskript als Ganzes und gibt die Einleitung der ersten und längsten Abhandlung über die „Stundeninstrumente" in Übersetzung.

Von Herrn Prof. Ritter auf dieses Werk T̲ābit's aufmerksam gemacht — wofür ich meinem verehrten Lehrer zu größtem Danke verpflichtet bin — möchte ich dasselbe, das mir für die Geschichte der Astronomie, im besonderen der Gnomonik, und ebenso die der Mathematik von nicht geringer Bedeutung zu sein scheint, zur öffentlichen Kenntnis bringen. Herr Prof. Ritter stellte mir dankenswerterweise einen Brief E. Wiedemann's zur Verfügung, den dieser kurz vor seinem Tode an ihn schrieb. Hierin bezeichnet Wiedemann die vorliegende Schrift als „unbekannnt" und „wohl die erste arabische in diesem Gebiet".

Die Sonnenuhr, über deren außerordentliche Bedeutung im islamischen Orient während des ganzen Mittelalters sowohl in kultischer als überhaupt in kultureller Hinsicht uns die einschlägige Literatur der Gnomonik belehrt und in deren astronomische und mathematische Problemstellung uns, was den mittelalterlichen Orient betrifft, besonders eingehend die Arbeiten von C. Schoy einführen, hat den großen Mathematiker der Araber, T̲ābit b. Qurra, mehr beschäftigt, als man bisher annahm. Als der Ptolemäus der Araber wird gewöhnlich al-Battānī bezeichnet. Dieser gibt in seinem astronomischen Hauptwerk auch die Konstruktion einer basīṭa, einer ebenen horizontalen Sonnenuhr, an[1]). Die Geschichte der arabischen Gnomonik hatte nach Schoy

---

[1]) Al-Battānī, Opus astronomicum (editum a C. A. Nallino, I—III, Mediolani 1899—1907) Cap. 56. Ich darf hier vielleicht auf einen Irrtum aufmerksam machen, der

lange in Battānī's Ausführungen das älteste Material für die Theorie und Berechnung von Sonnenuhren bei den Arabern zur Verfügung. Von dem älteren Ṯābit erschien dann in der Übersetzung von E. Wiedemann und J. Frank 1922 ein Traktat „Über die Konstruktion der Schattenlinien auf horizontalen Sonnenuhren" [2]. Hierneben stellen wir nun eine erschöpfende Behandlung der ganzen Fragestellung für die ebenen Sonnenuhren zu jener Zeit, die sogenannten ruḫāmāt [3]), durch diesen bedeutenden mathematischen Kopf, welche weit über das hinausgeht, was uns al-Battānī bietet, und die in gleich umfassender Weise erst von Abū 'l-Ḥasan ʿAlī al-Marrākušī wieder unternommen wird, wie aus den Schriften Schoy's zu ersehen ist. Ṯābit beschäftigt sich nicht allein mit der horizontalen, sondern kommt über diese und fünf weitere Arten, zwei in die Kardinalrichtungen fallende und eine von diesen abweichende Vertikaluhr, ferner zwei gegen den Horizont geneigte, einerseits auf dem Meridian, andrerseits auf dem ersten Vertikal senkrecht stehende Uhren, zu dem allgemeinsten Fall einer beliebig geneigten Uhr. Er stimmt in dieser Disposition mit dem späteren Abū 'l-Ḥasan ʿAlī von Marokko völlig überein [4]).

C. Schoy unterlaufen ist. Er schreibt in seiner „Gnomonik der Araber", die 1923 in der Sammlung „Geschichte der Zeitmessung und der Uhren" von Ernst v. Bassermann-Jordan erschien, auf S. 27: „Der Name einer basīṭa kommt bei Ibn Jūnus und al-Marrākušī vor, während sie bei al-Battānī ar-ruḫāma (der Marmor) heißt". Die Überschrift des erwähnten 56. Kapitels von al-Battānī's Opus astronomicum lautet aber:

$$\text{و عَمَل آلة بسيطة وقائمة يُعْرَف . كلّ واحدة منهما ما يَمْضى من النهار من ساعة}$$

$$\text{زمنيّة فى كلّ بَلَد وتُدْنَى بالرُّخامة ايضًا.}$$

Möglicherweise hat Schoy nicht den arabischen Text, sondern nur die Übersetzung Nallino's gesehen. Diese steht in Bd. I, S. 135 des Werkes: De conficiendo sive strato sive erecto instrumento, ar-ruḫāma „marmore" appellato, quo horae temporales diei quolibet loco cognoscuntur. In der Übersetzung sind بسيطة und قائمة nicht als termini technici in Umschrift festgehalten, sondern بسيطة ist durch „stratum" und قائمة durch „erectum" (instrumentum) übersetzt. Sodann fehlt ein „quoque" oder „etiam" in der Übersetzung, durch das ايضا wiedergegeben würde. Die basīṭa sowohl wie die qāʾima werden „auch" ruḫāma genannt, wofür sich die Bestätigung in vorliegendem Werk Ṯābit's findet.

Wenn Schoy nur die Übersetzung Nallino's gelesen hatte, konnte es ihm entgehen, daß der Name „basīṭa" bei al-Battānī tatsächlich vorkommt.

[2]) Det Kgl. Danske Videnskabernes Selskab. Mathematisk-fysiske Meddelelser. IV. 9 København 1922.

[3]) Man faßte dieselben unter dem Namen „ruḫāmāt", d. h. Marmorplatten, zusammen, obwohl sie durchaus nicht immer aus Marmor hergestellt wurden.

[4]) Siehe Schoy, Arabische Gnomonik (Archiv der deutschen Seewarte 1913) Kap. VI u. Gnomonik der Araber 1923, Kap. VIII.

Der Gang der Entwicklung ist in dem vorliegenden Traktat genau, wie es Wiedemann und Frank für die „Konstruktion der Schattenlinien" feststellen, der des Aufstiegs vom Besonderen zum Allgemeinen. Es wird uns in dem allgemeinsten Fall aber nicht die Möglichkeit einer Deduktion der besprochenen Sonderfälle aus diesem allgemeinsten geboten. Dazu war die mathematische Formelsprache der Zeit nicht hinreichend ausgebildet.

Was Ṯābit an Sätzen der sphärischen Trigonometrie verwendet, geht im wesentlichen auf die indische Projektionsmethode, die v. Braunmühl in seiner Geschichte der Trigonometrie erläutert [5]), andrerseits auf den Transversalensatz zurück, der uns in der Ṯābit'schen Bearbeitung in dem Liber Thebit filii Chore de figura sectore vorliegt. Bewiesen sind die Sätze nicht.

Er berechnet für jede Uhrebene den Erhebungswinkel der Sonne über dieser Ebene und mit dessen Hilfe die Schattenlänge zu der bestimmten Stunde, sodann den Richtungsunterschied des Schattens gegen irgendeine ausgezeichnete Richtung der Ebene (as-samt).

Für die zuerst behandelte Horizontaluhr verwendet er zur Berechnung der Sonnenhöhe (h) die Formel:

$$(\mathrm{I}) \qquad \sin h = (\mathrm{sinvers}\, t_0 - \mathrm{sinvers}\, t)\, \frac{\sin (90^\circ - \varphi + \delta)}{\mathrm{sinvers}\, t_0}\ [6]),$$

die sich in der gleichen Fassung bei al-Battānī findet [7]). v. Braunmühl führt sie auf Seite 52 seines erwähnten Werkes auf die vorher von ihm besprochene indische Projektionsmethode zurück, die ihrerseits auf den graphischen Methoden der Griechen fußt, wie sie uns aus der Schrift des Ptolemäus Περὶ ἀναλήμματος bekannt sind, und gibt eine genaue Ableitung der Formel, die, wie wir nun aber sehen, nicht zuerst von al-Battānī verwendet wurde [8]). Ṯābit bietet für die Berechnung der gleichen Größe h eine zweite Formel zur Auswahl an:

---

[5]) A. v. Braunmühl, Vorlesungen über Geschichte der Trigonometrie, Teil I, Leipzig 1900.

[6]) Siehe Ms.-S. 10 (am Rande bezeichnet) in der Abhandlung Ṯābits. „t" ist der Stundenwinkel; ($90^\circ - \varphi + \delta$) ist die Mittagshöhe der Sonne; „t_0" der halbe Tagesbogen der Sonne; φ die geographische Breite des Ortes; δ die Deklination der Sonne; „r" der Radius der Kugel.

[7]) Op. astron. Cap. 17.

[8]) Auch Nallino führt im Op. astr. I, adnotat. S. 189—192, einen Beweis dieser Formel nach gleichem Verfahren (proiectio orthographica) und teilt mit, daß dieselbe Formel ebenfalls bei Ḥabaš al-Ḥāsib und Abū 'l Ḥasan anzutreffen sei. Zur Entwicklung der orthographischen Projektionsmethode vergleiche auch Joh. Tropfke, Geschichte der Elementarmathematik, 2. Aufl., Berlin und Leipzig 1923, Bd. V, S. 104—5. Die Ableitung dieser wie auch der beiden folgenden Formeln Ṯābit's an der Hand von Figuren steht in den Anmerkungen zu meiner Übersetzung (s. d.).

$$(\text{II}) \qquad \sin h = \sin (90^0 - \varphi + \delta) - \text{sinvers}\, t \cdot \frac{\cos \delta}{r} \cdot \frac{\cos \varphi}{r}\ {}^{9)}.$$

Auch diese ist ohne weiteres aus der von v. Braunmühl auf Seite 39 gezeichneten Figur zu entnehmen [10]. Sie hat die gleiche Fassung, wie die von Abū 'l-Ḥasan al-Marrākušī zur Berechnung von h verwendete Formel, die Schoy auf Seite 10 seiner „Arabischen Gnomonik" folgendermaßen zitiert:

$$\sin h = \sin H - \text{assl} + \text{assl} \cdot \cos s\ {}^{11)}.$$

(H = Mittagshöhe; assl = $\cos \varphi \cdot \cos \delta$; s = Stundenwinkel.)

Al-Battānī hat diese Formel nicht, wie Nallino ausdrücklich mit v. Braunmühl gegen Delambre, Cantor und Hankel feststellt [12]. Wohl aber kommt sie bei Ulūġ Beg aufgelöst nach dem Stundenwinkel vor. Nallino beweist sie ebenfalls mit Hilfe der proiectio orthographica.

Beide Fassungen gehen in den heutigen Cosinussatz über, wenn man sinvers t durch $1 - \cos t$ ersetzt. Die letztere der beiden findet sich dann noch bei der Berechnung der Mittagsuhren in der Formel:

$$\sin \eta_3\ {}^{13)} = \cos (90^0 - \varphi + \delta) - \text{sinvers}\, t \cdot \frac{\sin \varphi}{r} \cdot \frac{\cos \delta}{r}\quad (\text{Ms.-Seite } 28\ {}^{14)},$$

die sich wiederum leicht aus der v. Braunmühl'schen Zeichnung ergibt, aber kaum eine direkte Anwendung obiger Fassung II auf das sphärische Dreieck „Nordpol-Sonne-Südpunkt im Horizont" [15] sein kann.

Zur Berechnung des Azimuts (a) in der Horizontaluhr ebenso wie der Mittagsuhr verwendet Ṯābit im Gegensatz zu al-Battānī [16] eine Formel, die direkt aus dem Sinus-Satz gewonnen zu sein scheint:

---

[9] Vorliegende Abhandlung, Ms.-S. 9 (Randziffer).

[10] Siehe Anmkg. 79 auf Seite 42.

[11] Diese Formel ist dem 44. Kap. des Ǧāmiʿ al-mabādi' wa 'l-ġājāt von Abū 'l-Ḥasan entnommen, der in der Übersetzung von J. J. Sédillot 1834 durch L. Am. Sédillot unter dem Titel: Traité des instruments astronomiques des Arabes zur Veröffentlichung kam. — „assl" (أصل) bedeutet „Anfang, Wurzel. Solche Termini finden sich bei Abul Hassan sehr häufig." (Schoy, a. a. O.).

[12] Op. astr. I p. 191.

[13] η_3 ist der Erhebungswinkel der Sonne über dem ersten Vertikal.

[14] Die Manuskriptseiten sind im arabischen Text wie auch in der Übersetzung am Rande bezeichnet.

[15] Siehe dazu Figur 7 im Text der Übersetzung, Seite 50.

[16] Vergl. v. Braunmühl, Seite 53, und Schoy, Arab. Gnomon. 1913, Seite 9. Eigenartigerweise zitiert v. Braunmühl sowohl wie Schoy al-Battānī falsch; bei beiden findet man

$$\sin (90^0 - A) = \frac{\dfrac{r \cdot \sin (90^0 - \delta)}{\sin (90^0 - \varphi)} - \dfrac{\sin h \cdot \sin \varphi}{\sin (90^0 - \varphi)}}{\sin (90^0 - h)},$$

während al-Battānī richtig statt „$\sin (90^0 - \delta)$" „$\sin \delta$" angibt (Opus astr. Cap. XI).

$$\sin a = \frac{\sin t \cdot \cos \delta}{\cos h} \qquad \text{(Ms.-Seite 11)}\,[17].$$

Die Frage, ob Ṯābit den Sinus-Satz schon aufgestellt hat, läßt sich, wie aus den eingehenden Untersuchungen von H. Bürger und K. Kohl in ihrer Ausgabe von Ṯābit's Werk über den Transversalensatz [18]) hervorgeht, nicht mit Sicherheit beantworten. Kannte er ihn noch nicht, so müßte sich ihm die Formel aus der regula sex quantitatum ergeben haben.

Bei allen weiteren Berechnungen kommt Ṯābit mit der Fundamentalform I für das rechtwinklige sphärische Dreieck aus ($\sin a = \sin c \cdot \sin A$).

Diese Fundamentalform I wurde nach Bürger und Kohl (Seite 59) häufig mit dem gleichen Namen wie der Sinussatz als aš-šakl al-muġnī, das Ersatztheorem, und zwar Ersatz für den Transversalensatz, bezeichnet. Es ist wohl anzunehmen, daß Ṯābit das Ersatztheorem mit dem Spezialfall der Fundamentalform I geläufig war.

Sonst müßte er die Fundamentalform I wieder aus der regula quattuor quantitatum erhalten haben, von der es aber auch nicht gewiß ist, daß er sie kannte [19]), oder aber dieselbe aus dem Transversalensatz selbst abgeleitet haben.

Nachdem Ṯābit die ersten drei Gruppen, die Horizontaluhr, die im Meridian aufgestellte Morgen- und Abenduhr und die im Ostwestvertikal aufgestellte Mittagsuhr, jede für sich getrennt, behandelt und auch die zweite und dritte aus der ersten und die dritte aus der zweiten abgeleitet hat, gibt er für die übrigen Arten keine unabhängigen Verfahren mehr an, sondern führt jede Uhr stets auf eine andere zurück.

Etwas Besonderes ist die Festlegung des Schattenendpunktes in sämtlichen Auffangsflächen der sieben verschiedenen Uhrarten durch rechtwinklige Koordinaten. Er fügt jeder Berechnung der Schattenlänge und -richtung, die er als Polarkoordinaten bei der Konstruktion benutzt, die Umrechnung in rechtwinklige Koordinaten bei. Als Ordinaten- und Abszissenachse dienen bei den drei ersten Gruppen der aufeinander senkrecht stehenden Uhrebenen zwei der Hauptachsen (Mittagslinie, Ostwestlinie, Zenit-Nadirlinie); bei den deklinierenden

---

[17]) Es ist dieselbe Formel, die sich unter den mannigfachen Methoden zur Berechnung des Azimuts aus der Höhe im 20. Kapitel der Ḥākimitischen Tafeln von Ibn Jūnus wiederfindet, dem der Sinussatz erwiesenermaßen bekannt war. (C. Schoy, Das 20. Kap. der großen Ḥākim. Tafeln des Ibn Jūnis, Annalen der Hydrographie und maritimen Meteorologie, 48. Jg. 1920).

[18]) Abhdl. zur Geschichte der Naturwissenschaften und der Medizin, Heft VII 1924: Axel Björnbo, Thabit's Werk über den Transversalensatz (Liber de figura sectore). Herausgegeben von Dr. H. Bürger und Dr. K. Kohl, Seite 62 ff.

[19]) Vergl. v. Braunmühl, Seite 47; Bürger und Kohl. S. 61.

und inklinierenden Arten die Schnittkante mit der jeweiligen Uhr, aus der die zu berechnende abgeleitet wird, und die zu ihr senkrechte Gerade. Koordinatenanfangspunkt ist stets der Fußpunkt des Gnomons. Ṯābit bedient sich dieser Koordinaten bei Anfertigung einer Uhr dann, wenn der schattenwerfende Stab schon vor Verzeichnung derselben in die Platte eingelassen ist (Ms.-Seite 14).

Auch Schoy macht auf die Verwendung solcher rechtwinkliger Koordinaten durch al-Marrākušī bei dessen Konstruktion der Mittagsuhren aufmerksam[20]).

Sehr interessant ist die Zurückführung der Koordinaten einer Uhrfläche auf die einer anderen unmittelbar ohne Benutzung des Erhebungswinkels der Sonne über der fraglichen Ebene und der Schattenrichtung in derselben (Ms.-S. 37—38, 41—43, 46—47, 70—82).

Zum Schluß gibt Ṯābit ein Beispiel für den Entwurf einer Sonnenuhr.

Bemerkenswert ist, daß Ṯābit in der vorliegenden Abhandlung nicht mehr wie in der über den Transversalensatz die Sehne des doppelten Bogens verwendet, sondern nur den uns heute geläufigen indischen Sinus, für den er das Wort ǧaib[21]) gebraucht. Auf diese Tatsache weist Wiedemann in seinem Brief an Ritter besonders hin. In der „figura de sectore" kommt das Wort „sinus"· nur zweimal vor[22]).

Sodann gibt Ṯābit eine sehr exakte Definition des Cosinus, des Sinus versus und Arcus versus (Ms.-S. 3—5).

C. Schoy unterzieht in seiner „Arabischen Gnomonik", Kapitel 3 die Verbindungslinien der gleichbenannten Stundenpunkte an den einzelnen Tagen des Jahres, die sogenannten Stundenlinien, welche die Tageskurven der Schattenspitze[23]) überschneiden, für die Horizontalebene einer gründlichen Untersuchung. Sie sind für Äquinoktialstunden geradlinig. Bei gleichem Stundenwinkel befindet sich die Sonne das ganze Jahr hindurch auf demselben Meridian, wie auch ihre Deklination sein mag; und die Meridiane schneiden den Horizont in Geraden, die sich in einem Punkte vereinigen[24]). Für die Temporär- oder Jahres-

---

[20]) Gnomon. d. Araber 1923 (E. v. Bassermann-Jordan, Gesch. d. Zeitmessung u. d. Uhren, Band I, Lief. F), S. 64.

[21]) Al-Battānī braucht in seinem Opus astronomicum für „sinus" das Wort watar. welches eigentlich „Sehne" bedeutet, nachdem er im 3. Kapitel festgesetzt hat, daß damit die halbe Sehne des doppelten Bogens bezeichnet werden soll.

[22]) Siehe Bürger u. Kohl, Abhdlg. z. Gesch. d. Nat. u. d. Med., Heft VII, S. 32.

[23]) Diese Tageskurven der Schattenspitze, welche in der Horizontalebene für die mittleren und niederen Breiten Hyperbeln darstellen, sind das Thema der erwähnten Arbeit Ṯābit's: Über die Konstruktion der Schattenlinien auf horizontalen Sonnenuhren (Thabeti Ben Corrah Tractatus De Horometria).

[24]) Vergl. hierzu Schoy, Arab. Gnomon. 1913, S. 11 u. Schoy, Die Sonnenuhren d. Arab. in ihrer Bedeutung für die arab. Astron. u. Religion, Naturw. Wochenschr. 1911. S. 243—44. Die hier auf S. 247 gegebene Anm. 1 muß ein Irrtum des Verfassers sein.

zeitstunden sind, wie Schoy zeigt, diese Linien aber nicht gerade [25]); er unterwirft sie einer eingehenden Diskussion. Nun behauptet er auf Seite 11 der „Arab. Gnomonik", die Araber hätten „irrtümlich angenommen", daß die temporären Stundenlinien gerade seien. Das ist bei Ṭābit nicht der Fall. Er ist sich darüber klar, daß, wenn die gleichnamigen Stundenpunkte auf den Tageskurven der Sommer- und Wintersonnenwende durch gerade Linien verbunden werden, man ungenau verfährt (siehe Ms.-S. 8, 13—14 u. 16 in der folgenden Abhandlung). Er empfiehlt die Berechnung einer Tageskurve für jeden Monat, ist aber offenbar überzeugt, daß der Fehler der geradlinigen Verbindung nicht allzu groß sein kann. Daß das für die Breiten des islamischen Reiches tatsächlich der Fall ist, hat schon Delambre [26]) festgestellt und wird von Schoy [27]) und Michnik [28]) bestätigt.

Delambre sagt in seiner Histoire de l'astronomie ancienne (1817) [29]) auch: „C'est ce qu'ont supposé les Grecs (que toutes les lignes horaires étaient des lignes droites), au moins tacitement, autant qu'on en peut juger par les monumens qui nous restent d'eux; c'est ce qu'ont supposé tous les auteurs de Gnomonique". Zwei Jahre später (1819) teilt er jedoch in seiner Histoire de l'astronomie du moyen âge [31]), nachdem ihm Sédillot's Übersetzung von al-Marrākušī zugegangen war, folgendes mit: „Ce centre (Schnittpunkt der temporären Stundenlinien) n'existe pas pour les heures temporaires, qui même ne sont pas rectilignes; au reste, sans rien prononcer sur la nature de ces lignes, Aboul-Hhasan, qui les décrit par points, recommande souvent de déterminer un point pour chaque signe pour plus d'exactitude". Al-Marrākušī stimmt auch hier mit Ṭābit b. Qurra überein.

Schoy macht übrigens selbst einmal auf eine Bemerkung Wiedemann's aufmerksam [32]), „daß die Araber die temporären Stunden auch krumme Stunden nannten", und schreibt in seiner letzten Arbeit über die trigonometrischen Lehren von al-Bīrūnī in einer Anmerkung [33]), daß die „Temporalstunde auch krumme Stunde genannt wurde, weil die Stundenlinie auf der Kugel und in der Ebene eine Kurve ist". Die Araber müssen also um ihre Natur gewußt haben, wenn sie auch

---

[25]) Vergl. auch die Behandlung des gleichen Themas bei Hugo Michnik, Beiträge zur Theorie der Sonnenuhren, 1. Teil (Beilage zum Jahresbericht des Gymnasiums zu Beuthen O/S, 1914).

[26]) Histoire de l'astronomie ancienne II (1817) S. 482.

[27]) Schoy, Arab. Gnom. 1913, S. 18.

[28]) Michnik, Beiträge z. T. d. S. I S. 4.

[29]) S. 482.　　[31]) S. 523.

[32]) Zeitschrift für den math. u. naturwiss. Unterricht. 1918. S. 56, Anm. 3.

[33]) C. Schoy, Die trigonom. Lehren des pers. Astron. Abū 'l-Raiḥān Muḥ. ibn Aḥmad al-Bīrūnī, dargestellt nach al-Qānūn al-Mas'ūdī, Hannover 1927, S. 68.

noch nicht in der Lage waren, über ihren Charakter in Form von Gleichungen Aufschluß zu geben.

Drecker macht darauf aufmerksam, daß sich bei Ptolemäus und Vitruv noch keine Bemerkung „über die Natur der Stundenlinien" finde, daß Ptolemäus aber auch die Konstruktion der Stundenpunkte für sieben Parallelkreise vorschreibt[34]).

Bezüglich der Verwendung äquinoktialer an Stelle der schwierigeren temporären Stunden gibt Schoy an, daß erst Abū 'l-Ḥasan die ersteren neben den letzteren in Gebrauch nahm; bekannt gewesen seien sie jedoch nachweislich schon al-Battānī[35]) und Ibn Jūnus[36]). Ṯābit berücksichtigt nun in seinen Konstruktionsangaben die äquinoktialen und temporären Stunden anscheinend in so völlig gleicher Weise, daß man zu der Annahme geneigt ist, es seien zu seiner Zeit wohl auch schon Sonnenuhren hergestellt worden, die gleiche Stunden anzeigten. (Siehe hierzu Ms.-S. 5—6 und Ms.-S. 14 vorliegender Abhandlung.) Daß diese Annahme aber nicht berechtigt ist, wird sich im weiteren Verlauf meiner Untersuchung zeigen.

Nun zu der Frage: seit wann kannten die Araber den zur Weltachse parallel gestellten Uhrzeiger, den sogenannten Polos[38]), der dem Gnomon, dem senkrecht auf der Uhrebene stehenden Stabe, der Vereinfachung halber vorzuziehen ist, die er für die Konstruktion der Uhr mit sich bringt? R. Wolf glaubte in seiner „Astronomie"[39]) aus der Tatsache, daß sich „bei den ersten betreffenden Schriftstellern des Abendlandes, welche sich ja nach eigenem Geständnis zunächst auf die Araber stützten, beide Arten (Gnomon und Polos) ebenmäßig berücksichtigt fänden", den Schluß ziehen zu müssen, daß der Polos den Arabern bekannt war, wenn auch noch kein solcher in ihrer Literatur gefunden sei; und zwar schon früh bekannt war, denn die Abendländer „stützten" sich doch ausschließlich auf die Araber der ersten und zweiten Periode[40]). Demgegenüber war Schoy früher mit Marie der Meinung, „daß das mohammedanische Volk aus religiösen Gründen einseitig Gnomone konstruierte". Er sagt auf S. 33 der Arab. Gnomonik, „daß ein eigener Beamter am Minareh oder auf dem freien Platz, wo sich eine Bazitah befand, diese unausgesetzt zu bewachen und dann durch Ausruf den Moment bekannt zu geben hatte, wo der

---

[34]) J. Drecker, Theorie der Sonnenuhren, 1925, S. 12.

[35]) Op. astr., Kap. 17.

[36]) Schoy, Arab. Gnomon. 1913, S. 8 u. 33, Anm. 2.

[38]) Zur Verwendung des Wortes „Polos" in dieser Bedeutung siehe Drecker, Theorie der Sonnenuhren, 1925, S. 76 Anmerkung.

[39]) Handbuch, Satz 195.

[40]) Siehe Drecker, Theorie der Sonnenuhren, 1925. (E. v. Bassermann-Jordan, Gesch. d. Zeitmessung und der Uhren, Bd. I, Lief. E) S. 82.

Schatten des senkrechten Zeigers auf die Qibla fiel. Dann aber wies auch der Körperschatten eines jeden Gläubigen ihm von selbst die Richtung zur Ka'ba, und die in diesem Falle so einfache Orientierung wird ihm, falls er sich fern von der Moschee im Felde befand, bei der Verrichtung seiner täglichen Gebete von Nutzen gewesen sein. Außerdem würde ein Polos, besonders in sehr niederen Breiten durch seine geringe Neigung zum Horizont unpraktisch geworden sein; ein vertikaler Stab schien dem Muselmann bei der Erfüllung seiner religiösen Pflichten am zweckdienlichsten." Noch ausführlicher vertritt er diese Ansicht in seinem Aufsatz: „Die Sonnenuhren der Araber in ihrer Bedeutung für die arabische Astronomie und Religion" [41]).

Hiergegen muß man nun einwenden, daß das Gesagte sich eigentlich nur auf die Horizontaluhr bezieht, nicht jedoch auf die irgendwie geneigten Uhren, deren Zeiger senkrecht auf diesen oder auch parallel zum Horizont stehen. Hier treffen seine Erwägungen nicht zu. Die Konstruktion dieser Uhren lehrte aber schon T̲ābit, wie aus vorliegender Arbeit ersichtlich.

Daß ferner ein Polos in den niederen Breiten des Orients zu flach läge, scheint mir auch kein triftiger Grund für seine Ablehnung. Man konnte ihn größer machen und stützen, wie das in spätarabischer Zeit auch tatsächlich geschah, wofür Schoy dann selbst 1923 ein Beispiel fand in einem Traktat des Sibṭ al-Māridīnī (15. Jhd.) [42]), zumindest aber auf seine praktische Verwendbarkeit in höheren Breiten hinweisen, wenn man ihn für die engere Heimat auch verwarf. Solche Hinweise pflegen die Araber sonst kaum zu vergessen.

T̲ābit erwähnt nun nichts in seiner Abhandlung, woraus sich schließen ließe, daß er sich über die Besonderheit einer Zeigerlage in der Weltachse klar gewesen wäre. Bei der Horizontaluhr setzt er den „miqjās" lotrecht ein, bei den Vertikal- und ebenso den gegen den Horizont geneigten Uhren entweder senkrecht zur Uhrebene oder horizontal. Er widmet ein besonderes Kapitel dem nicht senkrecht auf seiner Ebene errichteten Stabe (Ms.-S. 65), spricht da aber nur von einer Horizontallage der Zeiger für inklinierende Uhren und gibt an, daß eine Verzeichnung der Uhr zunächst unter Annahme eines senkrechten Zeigers vorgenommen werden müsse, worauf man Fußpunkt und Länge des Horizontalzeigers berechnen möge. Auch bei den darauffolgenden Methoden der direkten Ableitung rechtwinkliger Koordinaten für den Schattenendpunkt in einer Uhrebene aus den entsprechenden Koordinaten einer bereits verzeichneten Fläche, die gegen

---

[41]) Naturwiss. Wochenschrift 1911, S. 241—42 u. 246.

[42]) „Über die Berechnung von Tafeln zur Konstruktion der Munḥarifāt (geneigten Sonnenuhren)", Kap. 3. Isis (International Review, devoted to the History of Science and Civilization) Nr. 18. Vol. VI (3) 1924, S. 349 ff.

erstere spitzwinklig geneigt ist, setzt er nur lot- und wagerechte
Zeiger an. In Anbetracht der Gründlichkeit, mit der er verfährt, der
Vollständigkeit in der Behandlung seines Themas und des ganzen,
vornehmlich theoretisch-mathematisch anmutenden Charakters seiner
Arbeit — es fehlen die praktischen Hinweise für die Justierung der
Schattenauffangsflächen und Gnomone, auf die beispielsweise Ibn Jūnus
und al-Battānī so großes Gewicht legen, auch sind dem Werk keine
Tafeln beigegeben — ist es undenkbar, daß er die Möglichkeit einer
Poloskonstruktion aus irgendwelchen Gründen oder versehentlich über-
gangen hätte. Er ahnte nichts davon.

Schoy und Drecker teilen 1924 und 1925 aus der spätarabischen
Astronomie mehrere Konstruktionsangaben für Polosuhren mit. Zunächst fand Schoy eine solche in dem erwähnten Traktat des Sibṭ
al-Māridīnī (geb. 1423 in Damaskus, gest. 1494—95 in Kairo), und
Drecker nennt weiter den Ägypter Ibn al-Maǧdī (1359—1447) und
zitiert aus einem Briefe Schoy's den Samarkander Astronomen Saʿīd
ibn Ḥafīf (14. Jhd.), welche beide den Polos verwandten[43].

Die genannten Astronomen bedienen sich aber auch der gleichen
Stunden, wenn nicht ausschließlich, so offenbar vornehmlich, vor allem
stets in Verbindung mit dem Polos. Drecker meint, „aus der Art,
wie Sibṭ al-Māridīnī die Sache behandelt, gehe hervor, daß die gleichen
Stunden im muslimischen Reiche doch wohl nur Bedeutung für die
wissenschaftliche Astronomie hatten“, da „in der Schrift nirgends die
Rede von Stunden, sondern immer nur von Stundenwinkeln sei, die in
der Regel von fünf zu fünf Grad nach beiden Seiten vom Mittag aus
gezählt würden“[43].

Es scheint mir nun für die Frage, wann zuerst die günstigere
Zeigerlage des Polos entdeckt wurde, entscheidend zu sein, wann man
sich praktisch der Äquinoktialstunden mehr und mehr zu bedienen
begann, wenn auch nur in der Astronomie. Allein unter der Voraussetzung gleicher Stunden bietet doch der Polos eine Vereinfachung[44].
In früharabischer Zeit (Tābit, al-Battānī) hatten die gleichen Stunden
wie bei den Griechen und Babyloniern wohl nur theoretische Bedeutung und wurden „zum Zwecke der Rechnung gebraucht“[44a]. Tābit
nennt sie stets neben den Zeitstunden, aber er kennt sie in ihrer
Anwendung so wenig, daß er für ihre Stundenlinien ebenso wie für
die der Temporärstunden die Berechnung eines Punktes in jedem Monat
empfiehlt, „damit die Stundenlinien richtiger hinkommen“[45]. Er ver-

---

[43] Drecker, Theorie der Sonnenuhren 1925, S. 82.

[44] Vergl. auch Drecker, Theorie der Sonnenuhren 1925, S. 76.

[44a] Ginzel, Handbuch der Chronologie, Bd. I (1906), S. 95. Siehe auch Ideler.
Handbuch der Chronologie, Bd. I (1825), S. 86/7.

[45] Vorliegende Abhandlung Ms.-S. 8. Siehe auch Ms.-S. 14, 20 u. 26.

säumt es zu erwähnen, daß die Linien gleicher Stunden unter allen Umständen gerade sind.

Ob schließlich dem Abend- oder dem Morgenland der Vorrang in der Entdeckung des Poloszeigers gebührt, läßt sich heute noch nicht mit Sicherheit entscheiden. Es ist auch möglich, daß beide unabhängig voneinander diesen Fortschritt gemacht haben. Nach Drecker's Annahme ist der Polos jedenfalls im Abendlande „selbständig erdacht" worden. Meines Erachtens wird die Lösung dieses Problems in Zukunft eng mit der Frage nach der ersten praktischen Verwendung der gleichen Stunden verknüpft sein.

II.

Der Edition des Textes und der Übersetzung sind noch einige Bemerkungen über auffallende sprachliche Erscheinungen im Text und über das Manuskript im allgemeinen voranzuschicken.

Der Stil der Abhandlung ist sehr schwerfällig, die Ausdrucksweise umständlich, aber durchaus klar. Die mathematischen Fachausdrücke habe ich am Ende des arabischen Textes zusammengestellt.

Nach der gelegentlichen Verschiedenartigkeit der Fachbezeichnungen für dieselben Dinge kann man ebenso wie inhaltlich drei voneinander unabhängige Teile des Traktates unterscheiden. Der Hauptteil, die eigentliche Abhandlung über die sieben verschiedenen Arten ebener Sonnenuhren, umfaßt die Ms.-Seiten 1—82; ihr sind zwei kleinere Traktate, einer über die praktische Verzeichnung einer Sonnenuhr (Ms.-S. 83—88) und ein sehr kurzer unbedeutender auf Ms.-S. 89, angeschlossen. Für den schattenwerfenden Stab hat die erste Abhandlung das Wort مقياس, die zweite ausschließlich die Bezeichnung عود, die ich sonst nirgends in der Literatur belegt fand. Ich habe in Anmerkungen zu der Übersetzung eingehender auf diese Unterschiede hingewiesen.

Grammatisch fällt eine häufiger vorkommende Konstruktion auf. In den Überschriften auf Ms.-S. 8, 16, 19, 26 ist ein Genitiv von zwei Stat. constr. abhängig gemacht: في حِسَابِ وَعَمَلِ الصِّنْفِ الْأَوَّلِ (vgl. auch Ms.-S. 14, Zeile 3).

Auf Ms.-S. 48 findet sich يُمْكِنَّا für يُمْكِنُنَا „es ist uns möglich".

Die Ms.-S. 50 bietet eine erwähnenswerte Konstruktionseigentümlichkeit: أَمَّا ثَلَثَةُ أَصْنَافٍ مِنْ هٰذِهِ الْأَرْبَعَةِ ... فَإِنَّ كُلَّ وَاحِدٍ مِنْهَا يَقْطَعُ وَاحِدًا مِنْ السُّطُوحِ الثَّلَثَةِ ٱلَّتِى ... وَتَمِيلُ (!) عَنِ ٱلدَّائِرَتَيْنِ ٱلْبَاقِيَتَيْنِ ... Hier ist das Prädikat تَمِيلُ im zweiten Teil des Satzes auf ein dem Sinne nach zu ergänzendes Subjekt كُلُّهَا bezogen.

Die Manuskriptseiten sind im arabischen Text wie auch in der Übersetzung am Rande bezeichnet. Seite 82 fehlt im Manuskript nicht, sie ist unbeschrieben.

Ein Vermerk auf dem Titelblatt des Manuskripts gibt an, daß dasselbe eine Abschrift von der Hand des Abū Isḥāq sei. هذا مجموع نفيس فى علم النجوم بخط ابى اسحاق الصابئ „Dies ist eine kostbare Sammlung aus dem Gebiet der Astronomie von der Hand des Abū Isḥāq, des Sabiers". Abū Isḥāq ist Ibrāhīm b. Hilāl b. Ibrāhīm b. Zahrūn[46]), derselbe, dessen Name sich im Kolophon findet. Der Abschreiber teilt in diesem am Schluß der Arbeit mit, daß er „alles dies", nämlich die drei vorstehenden Abhandlungen von Ms.-Seite 1 bis 89 aus dem von Abū 'l-Ḥasan Ṯābit b. Qurra eigenhändig aufgezeichneten „Dustūr" abgeschrieben habe. Wir wissen nicht, ob eine Sammlung von Ṯābitschen Abhandlungen inoffiziell den Titel „Dustūr" trug, doch ist es wohl anzunehmen. Unter jener Mitteilung steht von derselben Hand, die den ganzen Traktat wie auch diese letzte Notiz geschrieben hat, die Bemerkung: „Und geschrieben hat Ibr. b. Hilāl b. Ibr. b. Zahrūn im Ḏū'l-Ḥiǧǧa des Jahres 370". Darauf folgt in etwas engerem als dem bisherigen Zeilenabstand, eingerückt, sodaß Anfang und Ende von beiden Rändern der Schriftseite gleich weit entfernt sind, offensichtlich aus anderer Feder: „Ich habe damit diesen Dustūr verglichen, und es war in Ordnung, Gott sei Dank".

Ich möchte annehmen, daß in ersterer Bemerkung hinter den Worten „Und geschrieben hat" (وكتب) ein „es" (das Suffix „hu"), welches sich auf „all dies" Vorstehende bezieht, versehentlich oder absichtlich fortgelassen ist und daß wir es tatsächlich mit der Abschrift des Abū Isḥāq zu tun haben. Er hat diese dann also im Jahre 370 d. H. angefertigt, als er noch im Gefängnis saß.

Der letzte Satz, der sich auf eine Vergleichung der Abschrift mit dem Original bezieht, ist vermutlich später von einem Leser hinzugefügt worden. Vielleicht war es derselbe, der gelegentlich am Rande مجرب oder مجربة, „geprüft" oder „erprobt", notiert hat, und zwar am Ende der Kapitel, die der Berechnung der Horizontaluhr, der Morgen- und Abenduhr und der Mittagsuhr, sowie der Ableitung des dritten, zweiten und sechsten aus dem ersten, und des dritten aus dem zweiten ruḫāma dienen.

Eine andere Möglichkeit, den Kolophon zu deuten, wäre die, daß nicht Ibn Hilāl die Abschrift angefertigt hat, sondern ein von ihm beauftragter Schreiber, der mit den Zeilen schloß: „Ich habe dies alles abgeschrieben aus dem Dustūr des Abū'l-Ḥasan Ṯābit b. Qurra, welcher

---

[46]) Siehe Suter, Die Mathematiker und Astronomen der Araber und ihre Werke, Seite 70.

von seiner Hand ist. Und geschrieben hat Ibr. b. Hilāl b. Ibr. b. Zahr. im D̲ū'l-Ḥiǧǧa des Jahres 370". Nach der Vergleichung der Abschrift mit dem Original hätte dann Ibr. b. Hilāl eigenhändig darunter vermerkt: „Ich habe damit diesen Dustūr verglichen, und es war in Ordnung, Gott sei Dank" [47]).

Seite 27 und 28 haben am Rande von ganz anderer Hand, als die erwähnten Prüfungsvermerke geschrieben sind, die gleichen mathematischen Formeln, die T̲ābit auf diesen Seiten bringt, in sehr viel kürzerer Ausdrucksweise, wahrscheinlich aus viel späterer Zeit. Die Bemerkungen sind nicht vollständig zu entziffern, da beim Beschneiden des Randes ein Teil der Schrift verloren gegangen ist.

Seite 54 hat neben einer Kapitelüberschrift die Notiz ص ٱلْمُنْحَرِفَةُ وَهِىَ ملك, Seite 57 ebenfalls neben einer Kapitelüberschrift وَهِىَ ٱلْمُنْحَرِفَةُ. Das sind spätere Bezeichnungen für die von T̲ābit in den betreffenden Kapiteln behandelten Uhren.

Die Zahlen einer auf Seite 87 stehenden Tabelle sind mit den Zahlwerten der Buchstaben des arabischen Alphabets ausgedrückt.

Im übrigen verweise ich auf die zu Beginn meiner Einleitung erwähnte Besprechung des Manuskripts von Spies und Bessel-Hagen.

---

[47]) Auf diese Deutungsmöglichkeit hat mich Herr Prof. Schaade (Hamburg) hingewiesen, dem ich außer für diesen Hinweis auch für zahlreiche weitere Anregungen bezüglich der Übersetzung zu größtem Danke verpflichtet bin.

بسم الله الرحمن الرحيم
(* كتاب ابى الحسن ثابت بن قرة رضى الله عنه
فى آلات الساعات التى تُسمّى رُخامات

إنّ آلات الساعات التى تُرسم خطوط ساعاتها فى سطح ما معلوم، اىّ سطح كان، ويكون على سطحها مقياس مثبت فيها يقع طرف ظلّه عليها فيدلّ على ما مضى من النهار من الساعات، قد جرت عادة كثير من الناس بأن يسمّوها رخامات وهى تختلف واعمالها بحسب اختلاف تلك السطوح التى تُنصب فيها تلك الالات. فاذا اردنا ان نخطّ الساعات فى سطح ما معلوم، اىّ سطح شئنا، احتجنا ان نعلم اىّ صنف هو من اصناف هذه (2) السطوح والرخامات، وهى سبعة اصناف .. الصنف الاول منها يكون موضوعا فى سطح الافق .. والثانى فى سطح دائرة نصف النهار .. والثالث فى سطح الدائرة التى تقطع الافق ودائرة نصف النهار على زوايا قائمة وهى آخذة من المشرق الى المغرب .. والرابع فى سطح دائرة تقطع الدائرة التى ذكرنا الآخذة من المشرق الى المغرب على زوايا قائمة مائلة عن دائرة نصف النهار الى المشرق والى المغرب مائلة عن دائرة الافق .. والخامس فى سطح دائرة قائمة على سطح دائرة نصف النهار على زوايا قائمة مائلة عن الدائرة التى ذكرنا الآخذة من المشرق الى المغرب الى الشمال وللجنوب مائلة عن دائرة الافق .. (3) والسادس فى سطح دائرة قائمة على سطح الافق على زوايا قائمة مائلة عن دائرة نصف النهار وعن الدائرة الآخذة من المشرق الى المغرب وهى من دوائر الارتفاع .. والسابع فى سطح دائرة ليست قائمة على زوايا قائمة على شىء من السطوح الثلثة التى ذكرنا لا سطح الافق ولا دائرة نصف النهار ولا الدائرة الآخذة من المشرق الى المغرب ..

ونحن (47a) واصفو حساب كلّ صنف منها وعمله من بعد ان نقدّم اشياء عامّة يحتاج اليها فى جميع ذلك لئلّا نكرر القول فيها ..

فى معرفة ما نسمّيه جيب تمام كل قوس معلومة

(4) اذا كانت قوس معلومة فانقصها من ربع دائرة وخُذ جَيب ما بقى فهو الذى نسمّيه جيب تمام تلك القوس ..

<hr>

*) Ergänzungen und Zusätze im arabischen Text sind durch eckige Klammern []
kenntlich gemacht.
47a) Ms.: واصفوا.

فى معرفة الجيب الذى يسمّى المنكوس لكل قوس معلومة
والقوس المنكوسة لكل جيب منكوس معلوم

اذا كانت قوس معلومة وكانت اقلّ من ربع دائرة فانقصها من ربع دائرة وخذ جيب
ما بقى فانقصه من الجيب الأعظم ، فما بقى فهو جيب تلك القوس المنكوس، وان كانت
القوس المعلومة اكثر من ربع دائرة فانقص منها ربع دائرة وخذ جيب ما بقى فزدّه
5 على الجيب الأعظم فما اجتمع (5) فهو الجيب المنكوس لتلك القوس ·.· فاما الجيب
المنكوس اذا كان معلوما وكان اقلّ من الجيب الاعظم فانقصه من الجيب الاعظم وخذ
قوس ما بقى فانقصها من ربع دائرة فما بقى فهو قوسه المنكوسة، وان كان الجيب المنكوس
المعلوم اكثر من الجيب الاعظم فانقص منه الجيب الاعظم وخذ قوس ما بقى فزدّها على
ربع دائرة فما اجتمع فهو القوس المنكوسة ·.·

فى معرفة بُعد الشمس من وسط السماء
بمدار الفلك فى وقت معلوم من النهار

6   خذ ما بين ذلك الوقت وبين انتصاف النهار من الساعات (6) فان كانت ساعات
اعتدالية فاضربها فى خمسة عشر وان كانت ساعات زمانية فاضربها فى ازمان ساعات
نهار يومك فما بلغ فهو بُعد الشمس من وسط السماء بمدار الفلك ·.·

فى معرفة الظلّ من الارتفاع

خذ جيب تمام الارتفاع فاضربه فى عدد اجزاء المقياس إنْ انت جزّأته بالاجزاء التى
تسمى اصابع ففى اثنى عشر وإن انت جزّأته بستين ففى ستين فما بلغ فاقسمه على
جيب الارتفاع فما خرج فهو الظل بالاجزاء التى جزّأت بها المقياس ·.· فاذ قد قدّمنا ذلك
7 فينبغى أن تعلم أنّ كل صنف من اصناف (7) الرخامات التى ذكرنا يحتاج فى عمله
الى معرفة مقدار الظل الواقع عليه من مقياسه وسمّيت ذلك الظل من الدائرة التى
تخطّ على مركز مقياسه، وأن ذلك الظل انما تعرفه بقوس تُستخرج له وهذه القوس فى
فى الصنف الاول من الرخامات التى ذكرنا القوس التى تقسم الارتفاع، واما الظل فيها
والسمت فهما اللذان يعرفان بهذين الاسمين على الاطلاق، واما فى كل واحد من
الاصناف الباقية فانما هما خاصّان لذلك الصنف من الرخامات، واما القوس التى
يستخرج بها الظل فيها فانما هى قوس تقوم مقام الارتفاع لا الارتفاع ·.· واول ما نبتدئ
بقياسه من ذلك الصنف الاول ·.·

(8) فى حساب وعمل الصنف الاول من الرخامات   8

وهى التى توضع فى سطح دائرة الافق

الرُخامات الموضوعة فى سطح الافق لا بدّ من ان تنقص ساعاتها من اول النهار شيئًا ومن آخره شيئًا فلا يُخطّ فيها وبُحتاج فيها الى معرفة الظل والسَّمْت للساعات او للساعات واجزائها امّا الزمانية وامّا الاعتدالية، اى ذلك قدرت ان تخطه فى الرخامة، وأن تعمل ذلك لاول الجدى ولاول السرطان، ثم تخط ما بينها من خطوط الساعات على استقامة او تعمل [ذلك] ايضا للبروج الاخر فتقع خطوط الساعات اصحّ ولا تكون مستقيمة ⊙

(9) فى معرفة الظل والسمت اللذين يحتاج   9

اليهما فى هذا الصنف من الرخامات

خُذ بُعد ما بين الشمس وبين وسط السماء من مدار الفلك فى الاوقات التى تريد من الساعات واجزائها وخذ جيبه المنكوس فاضربه فى جيب تمام ميل درجة الشمس فما بلغ فاقسمه على الجيب الاعظم فما خرج فاضربه فى جيب تمام عرض البلد فما بلغ فاقسمه على الجيب الاعظم فما خرج فاحفظه وانقصه من جيب ارتفاع الشمس فى وقت نصف النهار فما بقى فخذ قوسه وهو الارتفاع ∴

قد تعرف الارتفاع بوجه آخر قريب عمّ للساعات (10) خذ بُعد يوم الشمس من وسط   10 السماء فاجعله جيبا منكسا وانقصه من الجيب المنكوس لنصف قوس النهار وخذ جيب ارتفاع الشمس فى وقت نصف النهار فاقسمه على الجيب المنكوس لنصف قوس النهار فما خرج فاضربه فى فضل ما بين جيب بُعد الشمس من وسط السماء المنكوس وبين الجيب المنكوس لنصف قوس النهار فما اجتمع فخذ قوسه وهو ارتفاع الشمس لذلك الوقت فاذا عرفت الارتفاع باىّ وجه شئت من هذين الوجهين فاستخرج الظلّ منه كما ذكرنا فيما تقدّم ∴

فان اردت معرفة السمت فخذ جيب بُعد الشمس من وسط السماء (11) بمدار الفلك   11 فاضربه فى جيب تمام ميل درجة الشمس واقسم ما بلغ على جيب تمام الارتفاع فما خرج فاجعله قوسا وهو قوس السمت من ناحية الجنوب او الشمال ∴ فان اردت أن تعرف جهته، اعنى جهة سمت الشمس، فاعلمْ أنّ ميل الشمس اذا كان الى خلاف جهة بلدك او كان الميل الى جهة بلادك وكان اكثر من عرض البلد فالسمت الى جهة الميل، وان لم يكن كذلك فخذ فضل ما بينهما وخذ جيبه واضربه فى جيب تمام عرض البلد فما بلغ فاقسمه على جيب عرض البلد، فان كان ما خرج اقلّ من المحفوظ الذى كنت حفظت فالسمت الى جهة بلادك وان كان اكثر منه فالسمت الى خلاف (12) جهة   12

بلدك ، وأما سمت الظل فإلى خلاف جهة سمت الشمس. فاذا عرفت الظل وسمته وجهته
وأردت ان تخط الرخامة فاستخرج من ذلك طول ما يحتاج اليه من الرخامة لتخط
فيه الساعات وعرضه وموضع المقياس منه ومقدار طول المقياس بالعمل الذى سنأتى به
فيما بعد ثم خط فى الرخامة خطا مستقيما طوله اضعاف طول المقياس واقسم ذلك
الخط بمثل مقدار طول المقياس واقسم كل قسم منه باجزاء المقياس واجزاء اجزائه ثم
اجعل موضع المقياس مركزا وأدر حوله دائرة واقسمها بثلثمائة وستين جزءا وخذ من

13 تلك الاجزاء مقدار سمت الظل من الجهة التى تُبْتَغَى فى (13) ذلك الوقت من الساعات
لاول السرطان وضع مسطرة على مركز الدائرة وعلى موضع ذلك السمت الذى اخذت
ثم خذ فرجارا فافتحه بمقدار الظل من اجزاء المقياس واجعل احد طرفيه على المركز
والطرف الآخر على المسطرة فحيث ما انتهى حذاؤه فى الرخامة علامة لذلك
الوقت من ساعات السرطان ، ثم افعل مثل ذلك بعينه بتلك الساعة من ساعات الجدى ،
ثم خط خطا مستقيما من علامة تلك الساعة من ساعات السرطان الى تلك الساعة
من ساعات الجدى فهو خط تلك الساعة. وان اردت ان تفعل مثل ذلك اولا لاول كل

14 برج من البروج المختلفة الارتفاع فى دائرة نصف (14) النهار ثم تخط فيما بين علاماتها
خطوطا كان اصح واصلح .: وكذلك تفعل بسائر الساعات او الساعات واجزائها ،
زمانية كانت او معتدلة. فأما مقدار طول وعرض ما يحتاج اليه من الرخامة وموضع
المقياس منه فتتعلم بالوجه الذى بعد هذا من العمل .:

وجه آخر ثان فى عمل الرخامة التى فى سطح الافق
تضطر للحاجة اليه اذا كان قد نصب مقياسها

اذا اردت ان تعمل ساعات هذه الرخامة من غير ان تخط فيها دائرة فاقسم طول
الرخامة وعرضها باجزاء يكون كل جزء منها مثل جزء من الاجزاء التى ينقسم اليها

15 المقياس ، تفعل ذلك (15) باضلاعها الاربعة ، ويكون ذلك على حسب ما يحتاج اليه من
الطول والعرض لموضع قسمة الساعات الذى سنبين مقداره فيما بعد. فاذا اردت ان
تعلم مواضع خطوط الساعات وضعت مسطرة على ضلعَى طولها على الاجزاء منهما
التى تخرج لك بالحساب الذى سنصفه من اجزاء الطول لتلك الساعة وخططت خطا
خفيا ثم تضع المسطرة على ضلعَى عرضها على الاجزاء منهما التى تخرج لك بالحساب
الذى سنصفه من اجزاء العرض لذلك الوقت. فحيث ما قطعت المسطرة للخط الاول

16 علّمت علامة لتلك الساعة التى تريد وكذلك (16) لسائر الساعات للجدى والسرطان
او لجميع البروج المختلفة الارتفاع فى وسط السماء ثم عملت كما وصفنا فى العمل الذى
قبل هذا من اخراج خطوط الساعات بين نقط العلامات .:

فى حساب اجزاء الطول والعرض المستعملة

فى العمل الذى ذكرنا لكل وقت

استخرج السَّمْت والظل لذلك الوقت بالابواب التى قد تقدمت ثم خذ قوس سمت الظل — ان كان شماليا فى ناحية الشمال وان كان جنوبيا فى ناحية الجنوب — وخذ جيبه وجيب ما ينقص عن تمام ربع دائرة واضرب كل واحد منهما فى الظل فى ذلك الوقت فما اجتمع من كل واحد منهما فاقسمه (17) على حدة على الجيب الأعظم فما خرج من الاول منهما فهو اجزاء الطول باجزاء المقياس وما خرج من الثانى فهو اجزاء العرض باجزاء المقياس، واجزاء الطول مبتدئة فى الرخامة من خط الزوال الذى يمرّ بمركز المقياس آخِذة الى المشرق والى المغرب، أمّا قبل نصف النهار فالى المشرق وأمّا بعده فالى المغرب، واجزاء العرض مبتدئة فى الرخامة من الخط الذى يمرّ بمركز المقياس ويقطع خط الزوال على زوايا قائمة، آخِذة الى الشمال او الى الجنوب، أمّا اذا كان سمت الظل شماليا فالى الشمال وأمّا اذا كان جنوبيا فالى الجنوب .. وبهذا العمل تعلم اجزاء طول (18) ما ترسم فيه الساعات من الرخامة وعرضه وموضع المقياس منها وتستخرجه وهو الطول والعرض فى اول الساعات التى خُطّ فيها وآخرها ويبعّد ذلك من المقياس ..

17

18

وجه آخر من العمل

وان اردت ألّا تستعمل إلّا اجزاء الطول وحدها مع مقدار الظل او اجزاء العرض وحدها مع مقدار الظل امكنك بأن تضع المسطرة على تلك الاجزاء التى تبقى من اجزاء الطول مثلا من ضلعَى الطول المتقابلين ثم تاخذ فرجارا فتفتحه بمقدار اجزاء الظل لذلك الوقت وتضع احدى رجليه على موضع مركز المقياس وتدير الرجل الاخرى فحيثما (19) انتهت من وجه المسطرة علّمت بحذائه من الرخامة علامة الساعة، ونظير ذلك تفعل باجزاء العرض ان اردت ان تخطه به ..

19

فى حساب وعمل الصنف الثانى من الرخامات

وهى التى توضع فى سطح دائرة نصف النهار

ومن الرخامات ما يكون سطحه فى سطح دائرة نصف النهار، وانما يمكن ان تعرف بها الساعات منذ اول النهار الى قريب من نصف النهار او من بعد نصف النهار بقليل الى آخر النهار، وبهذا السبب يحتاج منها الى زوج احدُ فرديه لساعات ما قبل نصف النهار والآخَر لما بعد نصف (20) النهار .. ويحتاج فيها الى معرفة الظلّ الواقع عليها من مقاييسها وسَمْت ذلك الظل من الدوائر التى تخطّ على مراكز مقاييسها وأن تعمل ذلك للساعات او للساعات واجزائها لأوّل السرطان وأوّل الجدى أوْ لهُما ولأوائل سائر البروج كما ذكرنا فى غيرها مما تقدم، ونعمل ذلك لساعات زمانية او اعتدالية ..

20

فى استخراج الظل والسمت اللذين يحتاج
اليهما فى هذه الرخامة التى ذكرنا

خذ بُعد الشمس من وسط السماء بمدار الفلك وخذ جيبه واضربه فى جيب تمام

21 ميل درجة الشمس فما (21) بلغ فاقسمه على الجيب الاعظم فما خرج فخذ قوسه
واحفظها وأقمها مُقام الارتفاع واستخرج بها الظل كما تستخرجه من الارتفاع فى عمل
الرخامة التى فى سطح الافق، وهو الظل الذى تريده فى هذه الرخامة. فان اردت
معرفة سمت هذا الظل فى هذه الرخامة فخذ القوس التى كنت حفظت وانقصها من
ربع دائرة وخذ جيب ما بقى واقسم المجتمع من ضرب الجيب الاعظم فى ميل
درجة الشمس، فما خرج فخذ قوسه وخذ فضل ما بين تلك القوس وبين عرض البلد
ان كان ميل الشمس وعرض البلد فى جهة واحدة، فان لم يكن كذلك فاجمعهما؛

22 (22) فما حصل من اخذ انفصل او الجمع فهو قوس سمت الظل فى هذه الرخامة من
الدائرة التى تخط فيها على مركز مقياسها، وابتداء هذه القوس من اخفض موضع
فى هذه الدائرة وهو الذى اذا أرسل الشاقول من مركز هذه الدائرة مَرّ عليه، وجهتها
الى الجنوب او الى الشمال، أمّا ان كان ميل الشمس وعرض البلد فى جهة واحدة
وكانت مع ذلك القوس التى اخذ فضل ما بينها وبين عرض البلد اكثر من عرض
البلد فان سمت الظل الى خلاف جهة عرض البلاد، وأمّا ان لم يكن كذلك فإن سمت
الظل الى جهة عرض البلاد ⊙

23 (23) وجه آخر ثانٍ فى عمل هذه الرخامة التى
توضع فى سطح دائرة نصف النهار

وقد تُعمل هذه الرخامة ايضا من غير ان تستعمل فيها دائرة للسمت بعمل شبيه
بالعمل الاخير من اعمال الرخامة التى تكون فى سطح الافق بقسمة اضلاعها الاربعة
واستخراج اجزاء الطول واجزاء العرض فيها لوقت وقت ∴ والوجه فى ذلك ان
تستخرج الظل فى هذه الرخامة وسمته فيها بالعمل الذى عملناه لها ثم تاخذ جيب
سمت الظل فتضربه فى الظل فى ذلك الوقت فى تلك الرخامة وتقسم ما بلغ على الجيب

24 الاعظم فما خرج فهو اجزاء العرض مبتدئةً (24) فى الرخامة من خط الشاقول الذى
يمّر بمركز مقياسها آخذةً الى الشمال إن كان سمت الظل الى الشمال والى الجنوب إن
كان سمت الظل فى الجنوب، ثم تاخذ جيب تمام سمت الظل فى تلك الرخامة فتضربه
فى الظل فى ذلك الوقت فى تلك الرخامة وتقسم ما بلغ على الجيب الاعظم فما خرج
فهو اجزاء الطول مبتدئةً فى الرخامة [من ال]الخط الذى يخط فيها موازيا لسطح
الافق مارًّا [بمر] كز موضع الشاقول آخذةً من فوق الى اسفل لأنّ [شا] قول هذه الرخامة

فى اعلاها ·.· وإن اردت ألّا [تستـ]عمل إلّا اجزاء الطول وحدها مع مقدار الظل فيها
(25) او اجزاء العرض وحدها مع مقدار الظل فيها امكنك ذلك بمثل ما وصفناه من
العمل فى الرخامة التى قبل هذه ·.·

(26) فى حساب وعمل الصنف الثالث من الرخامات

وهى التى تقطع دائرة الافق ودائرة نصف

النهار على زوايا قائمة

ومن الرخامات ما يكون موضوعا فى سطح آخذ من المشرق الى المغرب قائم على سطح
الافق على زوايا قائمة. وليس تستخرج بها الساعات كلها اذا كانت الشمس فى السرطان
بل تنقص فيه اكثر مما نقصت فى التى قبلها. ويحتاج فيها الى معرفة مقدار الظل الواقع
عليها من مقاييسها وسمت ذلك الظل من الدوائر التى تخط على مراكز مقاييسها
وأن تعمل ذلك للساعات او للساعات واجزائها لأوّل (27) السرطان وأوّل للجدى او لهما
ولأوائل سائر البروج التى يختلف ارتفاعها فى دائرة نصف النهار. وتعمل ذلك إمّا
لساعات زمانية وإمّا لساعات اعتدالية كما ذكرنا فى غيرها ·.·

فى معرفة الظل والسمت اللذين يحتاج

اليهما فى هذه الرخامة التى ذكرنا

خذ بعد ما بين الشمس [وبين] وسط السماء بمدار الفلك فى الاوقات التى تريد من
الساعات واجزائها وخذ جيبه المنكوس فاضربه فى جيب تمام ميل درجة الشمس فا
بلغ فاقسمه على لجيب الاعظم فا خرج (28) فاضربه فى جيب عرض البلد فا بلغ
فاقسمه عل لجيب الاعظم فا خرج فخذ فصل ما بينه وبين جيب تمام ارتفاع الشمس
فى وقت نصف النهار واعرف الزائد منهما فا حصل فخذ قوسه وهى قوس تقوم فى
هذه الرخامة مقام الارتفاع فى الرخامة الاولى٬ فاستخرج من هذه القوس الظل كما
تستخرجه من الارتفاع فى عمل الرخامة التى فى سطح الافق وهو الظل الذى تريد
فى هذه الرخامة من وجهها الشمالى او الجنوبى. فان اردت معرفة سمت هذا الظل فى
هذه الرخامة فخذ جيب بعد الشمس من وسط السماء بمدار الفلك فاضربه فى
جيب تمام ميل درجة الشمس (29) فا بلغ فاقسمه على جيب تمام القوس التى كنت
استخرجت آنفا التى تقوم مقام الارتفاع فا خرج فخذ قوسه وهو قوس سمت الظل فى
هذه الرخامة من الدائرة التى تخط فيها على مركز مقياسها٬ وابتداء هذه القوس
من اخفض موضع فى الدائرة وهو الذى اذا أرسل الشاقول من مركز المقياس مرّ
عليه٬ وجهتها الى المشرق او المغرب؛ أمّا فى الساعات التى قبل نصف النهار فالى المغرب

وأمّا فى التى بعد نصف النهار فالى المشرق .: ثم تعمل هذه الرخامة بما قد عرفته من السمت والظل فيها بمثل ما عملت به العمل الأوّل من عمل الرخامة الاولى. ولها وجه آخر ثانٍ كما لتلك .: (30) 30

وجه آخَر ثانٍ فى عمل هذه الرخامة
المنصوبة على خط المشرق والمغرب

وقد تعمل هذه الرخامة ايضا من غير ان تستعمل فيها دائرة للسمت بعمل شبيه بالعمل الاخير الذى وصفناه فى الرخامة التى فى سطح الافق بقسمة اضلاعها الاربعة واستخراج اجزاء الطول واجزاء العرض فيها لوقت وقت .: والوجه فى ذلك ان نستخرج الظل وسمته فى هذه الرخامة بالعمل الذى عملناه لها؛ ثم تاخذ جيب سمت الظل فتضربه فى الظل فى ذلك الوقت فى تلك الرخامة وتقسم ما بلغ على لجيب (31) 31 الاعظم فما خرج فهو اجزاء الطول مبتدئة فى الرخامة من خط الشاقول الذى يمرّ بمركز مقياسها آخذة الى المشرق والى المغرب، أمّا قبل نصف النهار فالى المغرب وأمّا بعده فالى المشرق. ثم تاخذ جيب تمام سمت الظل فى تلك الرخامة فتضربه فى الظل فى ذلك الوقت فى تلك الرخامة وتقسم ما بلغ على لجيب الاعظم، فما خرج فهو اجزاء العرض مبتدئة فى الرخامة من لخط الذى يخط فى الرخامة موازيا لسطح الافق مارًا بمركز الشاقول آخذة من فوق الى اسفل ابدًا لأنّ شاقول هذه الرخامة فى اعلاها .: وإن اردت ألّا تستعمل (32) 32 إلّا اجزاء الطول وحدها مع مقدار الظل فيها او اجزاء العرض وحدها مع مقدار الظل فيها امكنك ذلك بمثل ما وصفناه من العمل فى الرخامة التى قبل هذه .:

(33) بسم الله الرحمن الرحيم 33

فى استخراج حسبانات هذه الثلثة الاصناف من انزخامات بعضها من بعض وهذه الرخامات التى ذكرنا فى الاصناف الأول البسيطة من اصنافها وحسباناتها واعمالها التى وصفنا مفردة لكل واحد منها على حدته. وقد يمكن الانسان اذا كان قد عمل حساب احد هذه الثلثة الاصناف التى ذكرنا من الرخامات ان يحوله الى حساب رخامة اخرى منها بسهولة فيستخرج كل وجه من وجوه اعمال واحد منها من نظيره من اعمال الآخَر: الوجه الأوّل من الأوّل[48] والثانى من الثانى .:

---

[48] Ms.: والثوانى

فى استخراج حساب الصنف الثالث من اصناف

(34) الرخامات الثلثة التى ذكرنا مما قد حُصّل عليه

حساب الصنف الأوّل منها وعكس ذلك

اذا استخرجت بالعمل الأوّل من عملى الرخامة الأولى التى ذكرنا الارتفاع الذى به عرفت الظل لوقت من الاوقات وسمت ذلك الظل واردت ان تستخرج بذلك القوس التى تقوم مقام الارتفاع فى الصنف الثالث من اصناف الرخامات التى ذكرنا وهو الذى يكون سطحه فى سطح دائرة المشرق والمغرب (49) وبها يُعرف الظل فيها وأن تعلم ايضا سمت ذلك الظل فيها، فخذ جيب السمت فاضربه فى جيب تمام الارتفاع فما بلغ فاقسمه على الجيب الاعظم فما خرج فخذ قوسه واحفظها (35) وهى القوس التى تقوم مقام الارتفاع وتستخرج بها الظل فى الصنف الثالث من اصناف الرخامات التى ذكرنا .: ثم خذ جيب الارتفاع فاضربه فى الجيب الاعظم فما بلغ فاقسمه على جيب تمام القوس التى حفظت فما بقى فخذ قوسه وهو السمت فى الصنف الثالث من اصناف الرخامات التى ذكرنا .: وانما ذكرنا هذا الباب الذى تقدم من استخراج الظل فى الصنف الثالث من الرخامات من الصنف الأوّل منها ليس لأنه اسهل من استخراج ذلك ابتداءً بالابواب المتقدمة لكن لئلّا يكون فى نَسْق هذه الاعمال نقصان .: فاذا اردت عكس ذلك اعنى ان تستخرج مما قد حسبتَه (36) للصنف الثالث من الرخامات ما فى الصنف الاول منها من السمت والارتفاع فانقص القوس التى بها استخرجت ظل هدْ: الرخامة الثالثة التى مقامها فيها مقام الارتفاع من ربع دائرة وخذ جيب ما بقى فاضربه فى جيب تمام السمت فى الرخامة الثالثة فما بلغ فاقسمه على الجيب الاعظم فما خرج فخذ قوسه واحفظها وهى قوس الارتفاع التى بها تستخرج الظل فى الرخامة الاولى .: ثم خذ جيب القوس التى تقوم مقام الارتفاع فى هذه الرخامة الثالثة (50) واضربه فى الجيب الاعظم فما بلغ فاقسمه على جيب تمام الارتفاع الذى استخرجته للرخامة الاولى فما خرج فخذ (37) قوسه وهو السمت فى الرخامة الاولى .:

استخراج الوجه الثانى من الاول

فأمّا الوجه الثانى من عمل الصف الأوّل من الرخامات التى ذكرنا الذى لا تستعمل فيه دائرة السمت ، اذا انت اردت ان تستخرج (51) منه الوجه الثانى من عملى الصنف (51) الثالث منها فخذ عدد اجزاء المقياس ابدا إن كانت اثنى عشر وإن كانت ستين

34

35

36

37

49) In der Handschrift steht به; doch vergl. den ähnlich lautenden Text auf Manuskriptseite 39.

50) Ms.: واضربها; das Suffix bezieht sich aber auf جيب.

51) منه fehlt im Original, und statt الثالث steht الاول. Doch ist deutlich zu sehen,

فاقسمه على اجزاء الطول من الرخامة لذلك الوقت فما خرج فاحفظه واضربه فى عدد
اجزاء المقياس فانه يخرج لك اجزاء الطول فى الرخامة الثالثة، وارجع ايضا فاضرب

38 ما كنت حفظت فى اجزاء العرض من الرخامة (38) الأولى فما خرج فهو اجزاء العرض
من الرخامة الثالثة، وجهتها جهتها. فاذا اردت عكس ذلك فخذ اجزاء الطول من
الرخامة الثالثة واجزاء العرض منها فاعمل بها كما عملت آنفا باجزاء الطول من الأولى
والعرض فانه يخرج لك من ضرب لمحفوظ الذى تستخرجه حينئذ فى اجزاء الطول من
الرخامة الثالثة اجزاء الطول من الرخامة الأولى وبضربه فى عدد اجزاء المقياس من
الرخامة يخرج لك اجزاء العرض ⊙

فى استخراج حساب الصنف الثانى من اصناف
الرخامات الثلثة التى ذكرنا مما قد حصل عليه
حساب الصنف الأوّل منها وعكس ذلك

39 (39) اذا استخرج بالعمل الأوّل المتقدم من عمل الرخامة الأولى التى سطحها فى سطح
الافق الارتفاع الذى به عرفت الظل لوقت من الاوقات وسمت ذلك الظل واردت ان
تعلم من ذلك القوس التى تقام مقام الارتفاع وبها تعرف الظل المستعمل فى الصنف
الثانى من الرخامات التى ذكرنا، وهو الذى يكون سطحه على خط نصف النهار
ويكون قائما على سطح الافق على زوايا قائمة، وسمت ذلك الظل فيها فخذ جيب تمام
الارتفاع فاضربه فى جيب تمام السمت فما بلغ فاقسمه على لجيب الاعظم فما خرج فخذ

40 قوسه واحفظها وهى القوس التى تقام مقام الارتفاع وتستخرج بها الظل (40) فى الصنف
الثانى من اصناف الرخامات التى ذكرنا ٠٠، ثم خذ جيب الارتفاع الأوّل فاضربه فى
لجيب الاعظم واقسم ما بلغ على جيب تمام القوس التى حفظت فما خرج فخذ قوسه
وانقصها من ربع دائرة فما بقى فهو سمت الظل فى الصنف الثانى من الرخامات، وجهته
فيما قبل نصف النهار من الساعات الى المغرب وفيما بعده الى المشرق ٠٠، فان اردت

daß der ursprüngliche Text nachträglich geändert wurde. Eine entsprechende Abänderung erfuhr der ähnlich lautende Anfang des zweiten Kapitels über die Ableitung der Morgen- und Abenduhr aus der Horizontaluhr auf Manuskriptseite 42. Hier ist das ausgelöschte منه noch zu lesen, und auch hier hat der Abschreiber das sinngemäße الثانى durch الأوّل ersetzt. Erst das entsprechende Kapitel über die Ableitung der Mittagsuhr aus der Morgen- und Abenduhr hat das gleiche Satzgefüge etwas verkürzt und sinnvoll:

فأمّا الوجه الثانى من عمل الصنف الثانى من الرخامات ... اذا اردت أن
تستخرج منه الوجه الثانى من عمل الصنف الثالث منها ...

(Manuskriptseite 46).

عكس ذلك اعنى ان تستخرج مما قد حسبته للصنف الثانى من هذه الرخامات ما فى
الصنف الاول منها من الظل وسمته المستعملين فيها فخذ (⁵²القوس التى بها استخرجت
ظل هذه الرخامة التى مقامها فيها مقام (41) الارتفاع فاعمل بها نظير ما عملت 41
(⁵²بالارتفاع حيث اردت ان تنقله من الصنف الأول الى الصنف الثانى آلّا انك تستعمل
بدل ذلك السمت هذا السمت، فا خرج فهو الارتفاع وتستخرج به الظل ∴ ثم خذ
جيب القوس التى تقوم مقام الارتفاع فى هذه الرخامة واضربه فى الجيب الاعظم فا
بلغ فاقسمه على جيب تمام الارتفاع الذى قد استخرجته للصنف الأوّل من الرخامات
فا خرج فخذ قوسه وانقصها من ربع دائرة فا بقى فهو سمت الظل فى الصنف الأوّل
من الرخامات ∴

استخراج الوجه الثانى من الأوّل

فأمّا الوجه الثانى من عملَ الصنف الأوّل من لرخامات (42) التى ذكرنا، وهو الذى 42
لا تستعمل فيه دائرة للسمت، اذا اردت ان تستخرج (⁵³منه الوجه الثانى من عملَ
الصنف (⁵³الثانى من الرخامات فخذ عدد اجزاء المقياس ابدا، ان كانت اصابع فائنى
عشر وان كانت اجزاء من ستين فستين، فاقسمه على اجزاء العرض من الرخامة الأولى
لذلك الوقت فا اخرج فاحفظه واضربه فى اجزاء الطول فا بلغ فهو اجزاء الطول فى
الرخامة الثانية، واضرب المحفوظ فى عدد اجزاء المقياس فا خرج فهو اجزاء العرض
∴ واذا اردت ايضا عكس ذلك فخذ اجزاء طول الرخامة الثانية وعرضها فاعمل بها
كما عملت آنفًا باجزاء نول الاولى وعرضها، فانه يخرج لك (43) بضرب المحفوظ الذى 43
تستخرجه هاهنا فى اجزاء الطول من الرخامة الثانية اجزاء الطول من الأولى، وبضربه
فى عدد اجزاء المقياس يخرج اجزاء العرض من الاولى ∴

فى استخراج حساب الصنف الثالث من اصناف
الرخامات الثلثة التى ذكرنا مما قد حُصّل عليه
حساب الصنف الثانى منها وعكس ذلك

اذا استخرجت بالعمل الأوّل من عملَ الرخامة الثانية التى ذكرنا سمت الظل فيها
والقوسّ التى تقوم مقام الارتفاع (⁵⁴التى بها تعرف الظل فيها فى وقت من الاوقات
واردت ان تستخرج بذلك السمت والقوس التى تقوم مقام الارتفاع، (44) (⁵⁴التى بها 44

---

⁵²) Statt فخذ القوس steht im Manuskript فخذ جيب القوس; statt عملت نظير ما
بالارتفاع findet sich نظير ما عملت بجيب تمام الارتفاع. Es handelt sich offenbar
um zwei irrtümliche Zusätze.

⁵³) Siehe Seite 22, Anmerkung 51.

⁵⁴) In der Handschrift findet sich hier الذى به ∙ Vergl. aber Manuskriptseite 39
und 45.

تعرف الظل، المستعملين فى الصنف (الثالث[55] من اصناف الرخامات التى ذكرنا،
فخذ (النقوس[56] التى بها استخرجت الظل فى هذه الرخامة الثانية التى تقوم مقام
الارتفاع فيها فانقصها من ربع دائرة وخذ جيب ما بقى فاضربه فى جيب تمام السمت
فى الرخامة الثانية فا بلغ فاقسمه على الجيب الاعظم فا خرج فخذ قوسه فاحفظها
وهى القوس التى تقوم مقام الارتفاع فى الرخامة الثالثة وتستخرج بها الظل فى هذا
الصنف الثالث ∴ ثم خذ جيب القوس التى تقوم مقام الارتفاع فى الرخامة الثانية
45 فاضربه فى الجيب الاعظم فا بلغ فاقسمه على جيب ما تنقص (45) القوس التى حَفظت
عن تمام ربع دائرة فا خرج فخذ قوسه وهو السمت فى الرخامة الثانية ∴ فاذا اردت
عكس ذلك اعنى ان تستخرج مما قد حسبته للصنف الثالث من الرخامات ما فى
الصنف الثانى منها من السمت ومن القوس التى تقوم فيها مقام الارتفاع التى بها
تستخرج الظل فيها فاعمل نظير ما عملنا بها وخذ جيب (تمام السمت[57] فى الرخامة
الثالثة فاضربه فى جيب تمام القوس التى تقوم مقام الارتفاع فيها فا بلغ فاقسمه على
الجيب الاعظم فا خرج فخذ قوسه وهو القوس التى تقوم مقام الارتفاع فى الرخامة
46 الثانية وبها تستخرج الظل فيها ∴ (46) ثم خذ جيب القوس التى تقوم مقام
الارتفاع فى الرخامة الثالثة (فاضربه فى الجيب الاعظم[58] فا بلغ فاقسمه على جيب تمام
القوس التى كنت استخرجت التى قلنا انها تقوم مقام الارتفاع فى الرخامة (الثانية[59]
فا خرج فخذ قوسه وهى قوس السمت فى الرخامة الثانية ∴

<h3 align="center">استخراج الوجه الثانى من الثانى</h3>

فاما الوجه الثانى من عمل الصنف الثانى من الرخامات التى ذكرنا اذا اردت ان
نستخرج منه الوجه الثانى من عملى الصنف الثالث منها فخذ عدد اجزاء المقياس
47 ابدا، وهى اثنا عشر او ستون، فاقسمه على عدد اجزاء العرض (47) من الرخامة الثانية
فا خرج فاحفظه واضربه فى عدد اجزاء المقياس، فانه يجتمع منه اجزاء الطول من
الرخامة الثالثة، ثم ارجع فاضرب ما كنت حفظت فى عدد اجزاء الطول من الرخامة
الثانية فانه يخرج منه اجزاء العرض من الرخامة الثالثة ∴

فاذا اردت عكس ذلك فخذ اجزاء الطول من الرخامة الثالثة فاقسم عليها عدد اجزاء
المقياس فا خرج فاحفظه واضربه فى اجزاء العرض من الرخامة الثالثة فا خرج فهو

---

⁵⁵) Die Handschrift hat الثانى statt الثالث.

⁵⁶) In der Handschrift steht vor القوس noch fälschlich جيب.

⁵⁷) تَمَام ist ein Zusatz, der am Rande vermerkt ist.

⁵⁸) Ms.: فاضربها.

⁵⁹) Im Manuskript steht fälschlich الثالثة.

اجزاء الطول من الرخامة الثانية، ثم ارجع فاضرب ما حفظت فى اجزاء المقياس فما

اجتمع فهو اجزاء (48) العرض من الرخامة الثانية ..

فى سائر اصناف الرخامات وهى اربعة

أمّا الرخامات الأوّل البسيطة فهى هذه الثلث التى ذكرنا. وقد يُمْكنا ان نعمل فى

سائر السطوح المعلومة ــ اىّ السطوح كانت ــ ساعات كما عملنا فى هذه الثلثة

الاصناف المتقدّمة، وأن نُخبر بوجوه من الحساب مفردةً لكلّ واحد منها على حدة،

والوجه فى ذلك بالجملة أن ننظر الى الدائرة التى قد فرض سطحها لعمل الساعات

أُفُق اىّ نقطة من (60) الفلك، وذلك أنّه لا بدّ من أن تكون أُفُقًا لقوم، فيكون قد عُرف

من قبل وضع ذلك السطح المعلوم كم ارتفاع تلك النقطة التى (49) هى سمت رؤوس

اهل تلك البلاد فى بلدك وسمتها من أُفقك. ثم تستخرج من ذلك عرض تلك البلاد

وفضل ما بين طولها وطول بلادك؛ فتستخرج بذلك ما بين كلّ وقت تريد وبين أن

تتوسّط (61) [الشمس] السماء فى بلادهم من مدار الفلك، لأنّ فضل ما بين ساعاتك

المعتدلة التى من نصف النهار وبين ساعاتهم على حَسب فضل ما بين طوليَ البلدتين.

فاذا عرفت عرض تلك البلاد وبعد الوقت من انتصاف نهارها استخرجت بذلك

الظلّ عندهم وفى سطح أفقهم وسمته كما تستخرجه فى بلدك وافقك .. وانما اقتصرنا

على وصف ذلك والدلالة عليه بهذا القول فقط ولم نشرح العمل المفرد (50) لكلّ

واحد منها لأنّا راينا أنّ استخراج ذلك من احد الاصناف الثلثة المتقدّمة اسهل

وأوْلَى .. فنحن الآن نصف كيف تستخرج حساب كلّ صنف من هذه الاربعة الباقية

من صنف من الاصناف الثلثة المتقدّمة .. أمّا ثلثة اصناف من هذه الاربعة، وهى الرابع

والخامس والسادس، فإنّ كلّ واحد منها يقطع واحدا من السطوح الثلثة التى تقدم

ذكرها على زوايا قائمةً، وهى الافق ودائرة نصف النهار والدائرة الآخذة من المشرق الى

المغرب المارّة بسمت الرؤوس، وتميل عن الدائرتين الباقيتين منها ميلا معلوما لأنّ

ذلك السطح معلوم الوضع؛ وحسابها يستخرج من حساب (51) تلك التى تقطعها

على زوايا قائمة، أمّا الرابع فن الثالث وأمّا الخامس فن الثانى وأمّا السادس فن الاول؛

وذلك على ما اصف ..

فى استخراج حساب الصنف الرابع من

الرخامات من الصنف الثالث منها

استخرج سمت الظل فى دائرة المشرق والمغرب المارّة بسمت الرؤوس والقوس التى بها

تعرف الظل فيها التى تقوم مقام الارتفاع، كما استخرجته فى حساب الصنف الثالث

---

[60]) Hinter الفلك steht in der Handschrift noch هو.

[61]) Vergl. Lisān al-ʿarab IX, Seite 308, Zeile 10 von unten.

من الرخامات؛ ثم خذ ميل ذلك السطح المعلوم الذى فيه توضع هذه الرخامة عن

52 دائرة نصف النهار، فإن كانا (52) فى جهتين مختلفتين فردّه على السمت الذى خرج لك فى الدائرة التى ذكرنا التى للصنف الثالث، وإن كانا فى جهة واحدة فخذ فضل ما بينهما؛ فما حصل بعد الزيادة او اخذ الفصل فخذ جيبه فاضربه فى جيب تمام القوس التى تقوم مقام الارتفاع فى الصنف الثالث فما بلغ فاقسمه على الجيب الاعظم فما خرج فخذ قوسه واحفظها، وهى القوس التى تقوم مقام الارتفاع فى هذه الرخامة الرابعة وتستخرج بها الظل فيها؛ وهو إن كان السمت والميل فى جهة واحدة وكان السمت اكثر من الميل فى الوجه الذى من الجهة التى اليها مالت، والّا فى الوجه الآخر. ثم

53 خذ جيب القوس (53) التى تقوم مقام الارتفاع فى الصنف الثالث فاضربه فى الجيب الاعظم فما بلغ فاقسمه على جيب تمام القوس التى كنت حفظت فما خرج فخذ قوسه وهى قوس سمت الظل فى هذا السطح الذى تريد؛ وجهته بمثل جهة السمت الذى كان لك فى الصنف الثالث من الرخامات الى الشمال او الجنوب، وامّا الموضع الذى منه ابتدأ قوس سمت الظل من دائرة السمت (62) فهو اخفض موضع فيها إن كنت حيث زدت ميل السطح على السمت كان ما يجتمع اقلّ من ربع دائرة أو حيث إنّما نقصت احدها من الآخر، فإن لم يكن كذلك فى ارفع موضع فى دائرة السمت .:.

54

(54) فى استخراج حساب الصنف الخامس من
الرخامات من الصنف الثانى منها

استخرج سمت الظل والقوس التى بها تستخرج الظل المستعملين فى الصنف الثانى من الرخامات، فإنْ كان ميل ذلك السطح المعلوم الذى فيه توضع هذه الرخامة والسمت فى الرخامة التى من الصنف الثانى فى جهتين مختلفتين (63) فاجمعهما وإنْ كانا فى جهة واحدة فخذ فضل ما بينهما واعرف الزائد منهما، فما حصل من الجمع او اخذ الفصل فاعمل به كما عملت فى الباب الذى قبل هذا وهو أن تاخذ جيبه فتضربه فى جيب تمام القوس التى تقوم مقام الارتفاع فى الصنف الثانى من الرخامات

55 (55) فما بلغ قسمته على الجيب الاعظم فما خرج اخذت قوسه وحفظتها وهى القوس التى تقوم مقام الارتفاع فى هذه الرخامة الخامسة وتستخرج بها الظل فيها، والوجه الذى يقع فيه ذلك الظل من وجهَى الرخامة (64) هو الوجه منها الذى جهته للجهة التى مالت اليها الرخامة إن كان السمت هو الزائد على ميل الرخامة وكانا فى جهة واحدة، وإن لم يكن الامرُ كذلك فإنّ الوجه من الرخامة الذى يقع عليه هذا الظل المستخرَج هو وجهها المخالف لجهة ميلها. ثم خذ جيب القوس التى تقوم مقام

---

62) Ms.: وهو.   63) Ms.: فاجمعها.   64) Ms.: وهو.

56 الارتفاع فى الصنف الثانى من الرخامات فاضربه فى الجيب الاعظم فما بلغ (56) فاقسمه
على جيب تمام القوس التى كنت حفظت فى هذا الباب فما خرج فخذ قوسه وهى
قوس سمت الظل فى هذا السطح الذى تريد؛ ووجهته الى المشرق او الى المغرب، أمّا فى
الساعات التى قبل نصف النهار فالى المشرق وأمّا فى التى بعد نصف النهار فالى
المغرب .‌. وأمّا الموضع الذى منه ابتدأ قوس سمت الظل من دائرة السمت فهو ارفع
موضع فيها إن كنت انّما زِدت فى المَبْدَءِ ميل السطح المعلوم على السمت وكان مع
ذلك المجتمع منهما اكثر من ربع دائرة، وإن لم يكن الأمر كذلك فن اخفض موضع
فيها .‌.

57

(57) فى استخراج حساب الصنف السادس
من الرخامات من الصنف الاول منها

استخرج سمت الظل فى دائرة الافق وقوس الارتفاع التى بها تستخرج الظل فيها.
ونصف هذه الرخامة مائل عن دائرة نصف النهار الى المشرق ونصفها الى المغرب؛
والنصف المائل الى المشرق قد يكون الشمالىّ منهما وقد يكون الجنوبىّ؛ فاعرف جهاته
هذه التى ذكرنا وميله عن دائرة نصف النهار. فاذا كان النصف المائل الى المشرق من
نصفى الرخامة هو الشمالىّ منهما، فانّ السمت اذا أُخذَ من جهة الجنوب إنْ كان
الى المغرب وكان اقلّ من ميل سطح الرخامة عن دائرة نصف النهار او كان الى المشرق
58 وكان اقلّ من تمام ميل الرخامة عن دائرة نصف النهار، فانّ الظل واقع فى الوجه
الشرقىّ من النصف الشمالىّ من نصفَى الرخامة .‌. وإنْ كان السمت المأخوذ من
جهة الجنوب فى جهة المشرق وكان اكثر من تمام ميل الرخامة واقلّ من تمام ميل
الرخامة مزيدا عليه ربع دائرة، فانّ الظل واقع فى الوجه الشَرقىّ من النصف الجنوبىّ
من نصفَى الرخامة .‌. وإنْ كان السمت المأخوذ من جهة الجنوب فى جهة المشرق
وكان اكثر من تمام ميل الرخامة مزيدا عليه ربع دائرة، فانّ الظل واقع فى الوجه الغربىّ
من النصف الجنوبىّ من نصفَى الرخامة .‌. وإنْ كان السمت اذا أُخذ من الجنوب فى
59 جهة المغرب وكان (59) اكثر من ميل الرخامة، فانّ الظل واقع فى الوجه الغربىّ من
النصف الشمالىّ من نصفَى الرخامة .‌. فأمّا اذا كان النصف المائل الى المشرق من
نصفَى الرخامة هو النصف الجنوبىّ منهما فانّ الأمر على عكس ما وصفنا فى جميع ذلك،
لأنّه اذا كان السمت المأخوذ من الجنوب فى المشرق وكان اقلّ من ميل الرخامة او
كان الى المغرب وكان اقلّ من تمام ميل الرخامة، فانّ الظل واقع فى الوجه الغربىّ من
النصف الشمالىّ .‌. وإنْ كان ذلك السمت فى جهة المغرب وكان اكثر من تمام ميل
الرخامة وأقلّ من تمام ميلها مزيدا عليه ربع دائرة، فانّ الظل واقع فى الوجه الغربىّ
60 (60) من النصف الجنوبىّ من نصفَى الرخامة .‌. وإن كان ذلك السمت فى جهة المغرب

وكان اكثر من تمام ميل الرخامة مزيدًا عليه ربع دائرة، فانّ الظلّ واقع فى الوجه الشرقىّ من النصف الجنوبىّ من الرخامة .·. وإنْ كان ذلك السمت فى جهة المشرق وكان اكثر من ميل الرخامة فانّ الظلّ واقع فى الوجه الشرقىّ من النصف الشمالىّ من نصفى الرخامة .·. فاذا علمت ذلك فخذ السمت من جهة الجنوب او الشمال من اقربهما الى موضع السمت. فانْ كان هو والنصف الذى يليه من نصفى الرخامة فى جهتين مختلفتين عن دائرة نصف النهار فاجمعهما، وإن كانا فى جهة واحدة فخذ فضل ما بينهما.

61 فما حصل (61) بعد الجمع او اخذ الفصل فخذ جيبه فاضربه فى جيب تمام الارتفاع فما بلغ فاقسمه على الجيب الاعظم فما خرج فخذ قوسه واحفظها، وفى القوس التى تقوم مقام الارتفاع وتستخرج بها الظل فى هذه الرخامة السادسة .·. ثم خذ جيب الارتفاع فاضربه فى الجيب الاعظم فما بلغ فاقسمه على جيب تمام القوس التى كنت حفظت فما خرج فخذ قوسه وانقصها من ربع دائرة فما بقى فهو سمت الظل من اخفض موضع فى دائرة سمت الظل، وجهته تعلم مما قد تقدّم .·.

فى استخراج حساب الصنف السابع من
الرخامات من الصنف السادس منها

62 (62) اذا كان سطح الرخامة معلومَ الوضع ولم يكن احدّ السطوح الثلثة الأوّل التى ذكرنا ولا احدّ السطوح الثلثة التى بعدها التى كلّ واحد منها قائم على واحد من تلك على زوايا قائمة، فانّ وضعه اذا كان معلوما فانّ ميل دائرته عن دائرة الافق فى ارفع موضع فيها يكون معلوما ويكون سمت ذلك الموضع الارفع فى الافق معلوما، فاذا نقصت ميله عن الافق من ربع دائرة بقى من بعده من سمت الرووس معلوما .·. فاستخرج سمت الظل فى دائرة الارتفاع المائلة عن دائرة نصف النهار مثل سمت الموضع الارفع من السطح المعلوم والى جهته من جهة اقرب نصفَى دائرة نصف

63 النهار الى ذلك الموضع الارفع؛ (63) وهذه الدائرة من دوائر الارتفاع هى القاطعة للأفق وللسطح المعلوم على زوايا قائمة؛ واستخراجك لذلك يكون بما قد وصفناه من عمله فى حساب الصنف السادس من الرخامات. ثم زدّ على سمت الظل فى تلك الدائرة من دوائر الارتفاع بُعد ارفع موضع فى دائرة السطح المعلوم من سمت الرووس إنْ كانا فى جهة واحدة، وإلّا فخذ فضل ما بينهما؛ فما حصل بعد الجمع او اخذ الفصل فخذ جيبه واضربه فى جيب تمام القوس التى تقوم مقام الارتفاع فى الدائرة من دوائر الارتفاع التى ذكرنا فما بلغ فاقسمه على الجيب الاعظم فما خرج فخذ قوسه

64 واحفظها وهى القوس التى تقوم مقام (64) الارتفاع فى السطح الذى تريد .·. ثم

خذ (65) جيب القوس التى تقوم مقام الارتفاع فى تلك الدائرة التى ذكرنا من دوائر الارتفاع (66) فاضربه فى الجيب الاعظم فما بلغ فاقسمه على جيب تمام القوس التى كنت حفظت فما خرج قوسه وهى قوس السمت فى السطح الذى تريد، مبتدئة من اخفض موضع فى دائرة سمت الظل منه ان كنت حيث زدت ميل السطح على السمت كان ما يجتمع اقل من ربع دائرة او كنت انما اخذت فضل ما بينهما، فان لم يكن الامر كذلك فمن ارفع موضع فيها .·. فاما جهة الظل والارتفاع فيعلمان بأنه متى كان الظل واقعا من سطح الرخامة الثامنة التى ذكرنا هاهنا على (65) وجهها الشرقى فانه واقع من هذه الرخامة على نصفها الغربى والى المغرب يكون جهة السمت، ومتى كان واقعا من تلك على وجهها الغربى فهو واقع من هذه على نصفها الشرقى والى ناحية المشرق يكون جهة السمت .·. وايضا فانك ان كنت حيث حسبت حساب هذه الرخامة انما زدت السمت على بعد ارفع موضع فى دائرة الرخامة من سمت الرؤوس او نقصته منه فالوجه الذى يقع عليه الظل من الرخامة هو وجهها الاعلى، وان لم يكن كذلك فهو وجهها الاسفل .·.

فى استخراج مقدار طول المقياس الذى ليس
هو بعمود على الرخامة وموضع مغرسه

(66) ينبغى ان تعلم ان العمل فى جميع الاصناف التى قد تقدمت على ان المقياس قائم على سطح الرخامة على زوايا قائمة. فاذا كانت الرخامة فى سطح الافق او فى احد السطوح القائمة عليه على زوايا قائمة على ما عليه الصنف الاول والثانى والثالث والسادس من الرخامات فليس يحتاج فى ذلك الى شىء غير الذى ذكرنا. واما اذا لم تكن الرخامة قائمة على سطح الافق على زوايا قائمة — كالحال فى الصنف الرابع والخامس والسابع من الرخامات — فاحتيج الى وضع مقياس فى اعلى الرخامة فى ارفع موضع من المواضع التى تخط فيها الساعات منها، وان يكون ذلك المقياس (67) اذا نصبت الرخامة موازيا للافق، احتيج الى معرفة مقدار طول ذلك المقياس والى موضع مغرسه من الرخامة. والعمل فى ذلك على ان وجهها المستعمل هو الاعلى؛ والوجه فى ذلك ان تأخذ اجزاء طول المقياس الاول القائم على الرخامة على زوايا قائمة — وهى اثنا عشر او ستون — فنضربها فى الجيب الاعظم فما خرج قسمته على جيب تمام القوس التى هى ميل ذلك السطح المعلوم الذى فيه توضع الرخامة عن سمت الرأس فما خرج فهو مقدار طول المقياس الذى تريد الموازى للافق .·. ثم خذ جيب القوس التى هى ميل

---

[65]) جيب fehlt im Manuskript.

[66]) Im Manuskript steht fälschlich من دوائر نصف النهار statt من دوائر الارتفاع.

سطح الرخامة عن سمت الرؤوس ([67] فاضربه في عدد اجزاء المقياس الأول التى قد
ذكرناها فما بلغ فاقسمه على جيب تمام القوس (68) التى هى ميل الرخامة عن سمت
الرؤوس فما خرج فهو بُعد مَغرِس المقياس الموازى للأفق من مغرس المقياس الاول
بالاجزاء التى يكون بها المقياس الاول اثنى عشر او ستين — وهى التى بها خَرج لنا
([68] للمقياس الثانى ما خرج — وجهته عنه الى فوق على استقامة لِخط الذى يمرّ بارفع
موضع فى دائرة السمت التى تخط فى الرخامة وباخفض موضع فيها. وانما ينبغى أن
تخط الرخامة أوّلًا على أن مقياسها كأنّه المقياس الاول وإنْ لم يُركّب فيها؛ ثم يُعمل
لها المقياس الثانى فيُركّب فيها ..

الوجه الثانى من اعمال الصنف الرابع ولخامس
والسادس والسابع من الرخامات

69   (69) وقد يمكنك ان تعمل هذه الاربعة الاصناف من الرخامات بنظير الوجه الثانى
من اعمال الرخامات التى قبلها بأنْ تستخرج اجزاء الطول واجزاء العرض لموضع
وقوع طُرف ظلّ المقياس فى كلّ واحد من الاوقات التى تريد؛ والوجه فى ذلك أن
تحسب اجزاء الطول منها واجزاء العرض بعد استخراجك للظل والسمت فيها كما
حسبت فى الثلث الرخامات الأُوّل من غير أن تُغير فى العمل شيئًا سوى استعمال
السمت والظل لخاصّ لهذه بدل السمت والظل فى تلك، وهو أن تأخذ الظل فتقسمه
على لجيب الاعظم فما خرج فاضربه فى جيب السمت وفى تمامه فيخرج من احدهما
70 اجزاء الطول ومن (70) الآخر اجزاء العرض، الّا أنّ فى استخراج ذلك على ما وصفنا
بعضّ الطول، وذلك أنّه يحتاج أنْ تتقدّمه الأعمال التى قد ذكرناها لهذه الثلثة
الاصناف من الرخامات. فإنْ نحن اردنا ان نستخرج اجزاء الطول واجزاء العرض فى
هذه الرخامات من اجزاء الطول والعرض فى تلك كان اسهل، والوجه فى ذلك على
ما اصف ..

فى حساب الوجه الثانى من العمل
للصنف الرابع من الرخامات

انّ الساعات فى هذه الرخامة تُخط من مَغرِس مقياسها فيها الى مَسْقَط حَجَره عليها
71 وهو اسفلها على أنّ مقياسها (71) موازٍ للأفق. وما بين هذين الموضعين من البُعد من
فوق الى اسفل نسمّيه طول الرخامة ونخطّ فيه ستّ ساعات. فاذا اردت ان تعرف مقدار
هذا الطول بأجزاء مقياسها المائل فخذ مقدار ما يميل اعلى الرخامة عن سمت الرأس

وخذ عدد اجزاء هذا المقياس ــ وهى ابدا اثنا عشر او ستون ــ فاضربها فى الجيب
الاعظم ــ فانّه يجتمع من ذلك ابدا شىء احد ــ فاقسمه على جيب ميل اعلى الرخامة
عن سمت الرُووس فما خرج فهو طول جميعها .: فاذا اردت اجزاء الطول واجزاء العرض
منها لوقتٍ وقتٍ فاستخرج اجزاء الطول والعرض لذلك الوقت فى الرخامة الاولى التى
سطحها سطح الافق وخذ جيب (72) ميل الرخامة التى تُريد وجيب تمام ميلها
فاضرب جيب ميلها فى اجزاء طول المقياس فما بلغ فاقسمه على جيب تمام ميلها فما
خرج فزده على اجزاء الطول من الرخامة الاولى فا اجتمع فاقسم عليه اجزاء طول
المقياس فا خرج فاحفظه. ثم خذ الجيب الاعظم فاضربه فى اجزاء طول المقياس فا بلغ
ــ وهو ابدا شىء احد ــ فاقسمه على جيب تمام ميل الرخامة فا خرج فاضربه فيما كنت
حفظت فا بلغ فهو اجزاء الطول فى تلك الرخامة فى ذلك الوقت من مغرس مقياس
هذه الرخامة الموازى للأفق الى ما يقابل موضع طرف الظل فى ذلك الوقت من فوق الى
اسفل .: ثم خذ اجزاء العرض (73) من الرخامة الاولى فاضربها فيما كنت حفظت فا
بلغ فهو اجزاء العرض فى تلك الرخامة من مغرس مقياسها الى ما يقابل موضع طرف
الظل؛ وجهته فى الجهة التى كانت لأجزاء العرض فى الرخامة الاولى : ان كانت الى
الشمال فالى الشمال، وان كانت الى الجنوب فالى الجنوب .:

فى حساب الوجه الثانى من العمل
للصنف الخامس من الرخامات

استخرج اجزاء الطول واجزاء العرض فى الصنف الاوّل من الرخامات للوقت الذى
تريد وخذ جيب ميل الرخامة التى تريد وجيب تمام ميلها واضرب جيب ميلها
فى اجزاء طول المقياس (74) فا بلغ فاقسمه على جيب تمام ميلها فا خرج فزدّه على
اجزاء العرض من الرخامة الاولى فا اجتمع فاقسم عليه اجزاء طول المقياس فا خرج
فاحفظه ثم خذ الجيب الاعظم فاضربه فى اجزاء طول المقياس فا بلغ ــ وهو ابدا شىء
احد ــ فاقسمه على جيب تمام ميل الرخامة فا خرج فاضربه فيما كنت حفظت فا بلغ
فهو اجزاء العرض لتلك الرخامة التى تريد فى ذلك الوقت من مَغرِس مقياسها
الموازى للأفق الى ما يقابل موضع طرف الظل فى ذلك الوقت. ثم خذ اجزاء الطول
من الرخامة الاولى فاضربها فيما كنت حفظت فا بلغ فهو اجزاء الطول فى تلك
الرخامة التى تريد من مَغرِس مقياسها الموازى للأفق الى ما يقابل طرف الظل؛
وجهته (75) الى المغرب فيما قبل نصف النهار من الساعات والى المشرق فيما بعد
نصف النهار منها .:

فى حساب الوجه الثانى من العمل
للصنف السادس من الرخامات

استخرجُ السمتَ والظل فى الصنف الأوّل من الرخامات. فزِدْ على السمت مقدار ميل الرخامة التى تريد عن دائرة نصف النهار إن كان السمت والميل (68a) المأخوذان من (69) جهة واحدة من جهتى الشمال وللجنوب فى جهة واحدة بعينها من جهتى المشرق والمغرب؛ وإن كانا فى جهة واحدة فانقص احدهما من الآخر. فما حصل بعد

76 الزيادة او النقصان إن كان اكثر (76) من ربع دائرة فانقصه من ربع دائرة وخذ جيب ما بقى، وإن لم يكن اكثر من ربع دائرة فخذ جيبه؛ واىّ الجيبين اخذت فاضربه فى الظل فى الرخامة الاولى فى ذلك الوقت فما بلغ فاقسمه على الجيب الاعظم فما خرج فاقسم عليه اجزاء طول المقياس فما خرج فاحفظه واضربه فى اجزاء طول المقياس فما بلغ فهو اجزاء العرض فى الرخامة التى تريد لذلك الوقت من مَغرِس المقياس الموازى للأفق فى اعلى الرخامة الى ما يقابل طرف الظل فى ذلك الوقت من فوق الى اسفل ..

ثم ارجعْ الى ما كان حصل من جمع السمت وميل الرخامة عن دائرة نصف النهار او أُخْذْ فَضْلِ ما بينهما من بعد أنْ تنقص منه ربع دائرة إن كان اكثر من ربع

77 (70) دائرة (77) فخذ جيب تمامه فاضربه فى الظل فما بلغ فاقسمه على الجيب الاعظم فما خرج فاضربه فيما كنت حفظت فما بلغ فهو اجزاء الطلول فى الرخامة التى تريد. وجهتُه، إن كان ميل الرخامة والسمت فى جهتين مختلفتين وكان ما يجتمع منهما اقلّ من ربع دائرة، فالى خلاف الجهة التى منها ابتدأ السمت من الجنوب او الشمال، وإن لم يكن كذلك فالى الجهة التى منها ابتدأ السمت ..

فى حساب الوجه الثانى من العمل
للصنف السابع من الرخامات

خذْ ميل ذلك السطح المعلوم الذى تريد أن تخط فيه الرخامة عن سمت الرووس

78 وسمت أخفض موضع فى دائرته — وهو المقابل (78) للموضع الذى فيه يغرس المقياس الموازى للأفق — من ناحية للجنوب او الشمال من مثل الناحية التى منها اخذت قوس السمت، ثم خذ فضلَ ما بينهما وخذ جيبه وجيب تمامه فاضرب جيبه فى الظل من

(68a) Ms.: الماخوذين.

(69) Hinter جهة واحدة steht im Original noch بعينها wie ein paar Worte später in derselben Wendung فى جهة واحدة بعينها; doch muß بعينها an einer der beiden Stellen fehlen, da der Satz sonst inhaltlich falsch wäre.

(70) دائرة fehlt im Original.

الرخامة الاولى فا بلغ فاقسمه على الجيب الاعظم فا خرج فاحفظه وسمّه للمحفوظ الأوّل.
وكذلك فاضرب جيب تمام ذلك الفصل فى الظل فا بلغ فاقسمه على الجيب الاعظم فا
خرج فاحفظه وسمّه للمحفوظ الثانى ‥ ثم خذ جيب ميل تلك الرخامة التى تريد عن
سمت الروّوس فاضربه فى اجزاء طول المقياس واقسم ما بلغ على جيب تمام ميل تلك
الرخامة عن سمت الروّوس فا خرج فزده على للمحفوظ الثانى فا اجتمع فاقسم عليه
اجزاء طول المقياس فا خرج فاحفظه وسمّه للمحفوظ الثالث واضربه فى للمحفوظ (79) الاول   79
فا خرج فهو اجزاء الطول فى الرخامة التى تريد من اخفض موضع فى دائرة السمت
منها الى للجهتين على موازاة الأفق. وأمّا جهته فتعلم مما قد تقدّم. ثم خذ للجيب
الاعظم فاضربه فى اجزاء طول المقياس فا بلغ فاقسمه على جيب تمام ميل الرخامة التى
تريد عن سمت الروّوس فا خرج فاضربه فى للمحفوظ الثالث فا بلغ فهو اجزاء العرص
فى الرخامة من فوق الى اسفل، اعنى من للخط الموازى للأفق الذى يخط فيها مارّا
بمغرس مقياسها الموازى للافق الى موضع موقع الظل فيها. وإنّما كلامنا هاهنا على
وجه الرخامة المستعمل وهو الاعلى ‥

80   (80) وجه آخر عامّ لحساب الوجه الثانى من اعمال
الصنف الرابع والخامس والسابع من الرخامات

لمّا كانت اعالى هذه الثلثة الاصناف من الرخامات مائلة عن سمت الروّوس وكانت
مقاييسُها موازية للافق، عمّها جميعا عملٌ واحد تُسْتَخْرَجُ [به] من نظائرها من
الثلث الرخامات التى هى عنها إمائلة. أمّا الصنف الرابع فن الثانى واما للخامس فن
الثالث واما السابع فن السادس. والوجه فى جميع ذلك أنْ تستخرج اجزاء الطول
والعرص فى الرخامة التى هى نظيرة تلك الرخامة للوقت الذى تريد. ثم خذ جيب
ميل الرخامة التى تريد فاضربه فى الاجزاء التى فى الرخامة النظيرة الآخذة من
فوق الى ما (81) يقابل طرف الظل، اجزاء طول كانت او اجزاء عرص ما كانت من شىء.   81
فا بلغ فاقسمه على جيب تمام ميل الرخامة فا خرج فزدّه على اجزاء طول المقياس فا
اجتمع فاقسم عليه اجزاء طول المقياس فا خرج فاحفظه واضربه فى اجزاء الرخامة
النظيرة لرخامتك الآخذة الى للجنبتين، لا التى من فوق الى اسفل، اجزاء طول كانت
او عرص. فا بلغ فهو الاجزاء الآخذة الى للجانبين من رخامتك ‥ ثم خذ للجيب
الاعظم فاضربه فى الاجزاء التى من فوق الى اسفل من نظيرة رُخامتك فا بلغ فاقسمه
على جيب تمام ميل الرخامة فا خرج فاضربه فيما كنت حفظت قُبَيْل فا بلغ فهو
الاجزاء الآخذة من فوق الى اسفل فى رخامتك فى الوقت الذى تريد ⊙

⁷²) (83) بسم الله الرحمن الرحيم

صفة تخطيط الرخامة المكبّسة القائمة الزاوية

تُخطّ فى طول وجه الرخامة من جنبتيه خطّين متوازيين كخطّى اب جد وتنفصل خطّ به مثلَ ربع خطّ اب بالتقريب. فتكون نقطة ه مركز العود وتجعل طول العود اثنى عشر جزءًا وتُخرج خط هز على زاوية قائمة من الخطين المتوازيين غير مؤثّر فى وجه الرخامة. فاذا كان العود قائمًا من خط هز على نصف زاوية قائمة وجب أنْ يكون خط هز جَذْرَ مائتين وثمانية وثمنين وتكون نقطة ز مسقط الشاقول من (84) طرف العود. فتفرض خطا مستقيما وتقسمه باثنين وخمسين جزءًا، كلّ اثنى عشر جزءًا منها مساوية لطول العود، ثم تاخذ بالفرجار من هذه الاجزاء بقدر ما فى الجدول الاوّل والثانى — وهما جدولا السمت — بحيال طلوع الشمس — وهما متساويان كل واحد ستة اجزاء وسبع وثلثين دقيقة احدهما فى الجنوب والآخر فى الشمال — وتضع احد طرفى الفرجار على نقطة ه والآخر حيث بلغ من الجنبتين؛ فيقع على نقطتى ب ح. فيكون ظلّ طرف العود مع طلوع الشمس اذا كانت فى السرطان على نقطة ب واذا كانت فى الجدى على نقطة ح. ثم تأخذ ايضا بالفرجار من الخطّ المقسوم بقدر ما فى الجدول الاوّل — بحيال ساعة — وهو (85) اربعة اجزاء وربع — فتنفصل به خط هك ما يلى الجنوب، وما فى الجدول الثانى ايضا — وهو ثمنية اجزاء وثلث واربعون دقيقة — فتنفصل به خط هط ما يلى الشمال؛ وتخرج خطّى (⁷³ كز طر غير مؤثّرين فى الرخامة. ثم تاخذ ما بحيال ساعة ايضا فى الجدول الثالث — وهو جدول الظل — وهو ثلثة عشر جزءًا وسبع وخمسون دقيقة — فتنفصل بقدره من خط زك، وهو زل، وما فى الجدول الرابع ايضا — وهو جدول الظل — وهو ستّة عشر جزءًا وثمان واربعون دقيقة — فتنفصل بقدره من خط زط، وهو زم. وتصل خط مل؛ فيكون ظل الساعة الاولى ابدا يقع على خط مل. وتعمل باقى الساعات على مثال (86) ذلك الى الخامسة. فأمّا الساعة السادسة فانا نأخذ ما فى الجدول الرابع والخامس فقط فنفصل بقدر ما فى كلّ واحد منهما من خط زج، وهما خطا زن زس. فيكون موقع ظل طرف العود فى وقت الزوال للسرطان على نقطة ن وللجدى على نقطة س. ثم نمّد خطّين على اطراف الساعات كخطّى حمس بلن وتخطّط الوجه الآخر من الرخامة على مثل ذلك إن شاء الله.

⁷²) Siehe Einleitung, S. 12, Zeile 2.

⁷³) Ms.: كن طن.

87

ظل الجدي	ظل السرطان	سمت الجدي	سمت السرطان	الساعات
د	ج	ب	ا	
◉	◉	و لنز	و لنز	طلوع الشمس
يو ح	يج نز	ح محج	جنوب د يه	ا
يد مز	يا ى	يا مه	جنوب ب محج	ب
يج محج	ح نج	يو ل	جنوب كه ◉	ج
يج ما	و لح	كه يو	شمال ا نو	د
يد مز	د ى	نا ن	شمال و مب	ه
يج ند	ب ى	◉	شمال ◉	و

88

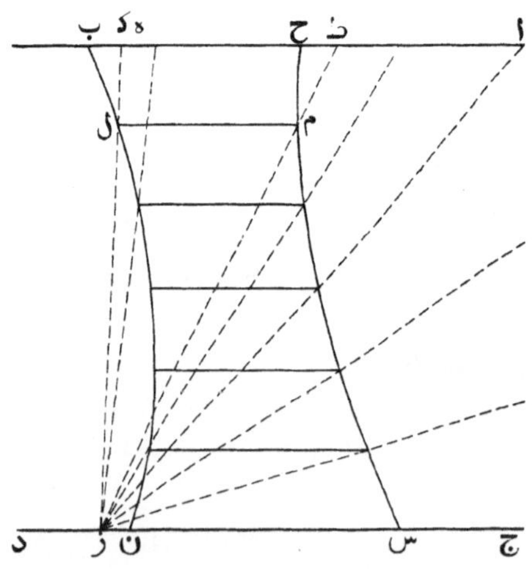

(89) بسم الله الرحمن الرحيم

اذا اردت أن تعرف ظل الساعة السابعة لرأس الجدى فى الرخامة القائمة فخذ (⁷⁴ زُمان ساعة واحدة من ساعات رأس الجدى فاجعلها جيبا واضربه فى جيب تمام جملة الميل الى تسعين جزءًا واقسم ما اجتمع على جملة الجيب — وهو خمسون ومائة — فا خرج فاحفظه ثم اجعله قوسا وانقصها من تسعين جزءًا واجعل ما بقى جيبا واضربه فى اثنى عشر واقسم ما اجتمع على ما كنت حفظت فما خرج فهو اصابع الظل ⊙

نسخت جميع ذلك من دستور ابى الحسن ثابت بن قرة — رضى الله عنه — الذى بخطّه وكتب ابرهيم بن هلل بن ابرهيم بن زهرون فى ذى الحجّة سنة سبعين وثلثمائة.

قابلت به هذا الدستور وصحّ ولله الشكر.

Verzeichnis der Fachausdrücke.

مَا اُجْتَمَعَ Summe, Differenz (als Ergebnis der Subtraktion), ⟨selten:⟩ Produkt.

مَا بَقِىَ Rest

فَضْلُ مَا بَيْنَ ... Differenz (zweier Größen).

مَا بَلَغَ Produkt.

مَا خَرَجَ das Ergebnis der Division.

مَا حَصَلَ Resultat.

جَيْب Sinus

الجَيْبُ اْلأَعْظَمُ ; جُمْلَةُ الجَيْبِ Sinus totus.

جَيْب تَمَام ... Cosinus.

الجَيْبُ اْلمَنْكُوسُ Sinus versus.

القَوْسُ اْلمَنْكُوسَةُ Arcus versus.

---

⁷⁴) Ms.: ازمان.

رُبْعُ دَائِرَة	Quadrant.
عَلَى ٱسْتِقَامَة	geradlinig.
فِى جِهَة وَاحِدَة	hintereinander (Ms.-S. 63).
على زَوَايَا قَائِمَة	rechtwinklig.
مِقْيَاس و عُود	siehe Seite 11 u. 77, Anm. 135.
شَاقُول	Lot
مَسْقَطُ ٱلْحَاجِر	Fußpunkt des Lotes (siehe Seite 67, Anm. 113).
مَسْقَطُ ٱلشَّاقُول	Fußpunkt des Lotes (Ms.-S. 83).
مَغْرِسُ ٱلْمِقْيَاس	Fußpunkt des Gnomons (siehe Ms.-S. 68).
دَائِرَةُ ٱلْٱرْتِفَاع	Höhenkreis.
وَسَطُ ٱلسَّمَاه	Meridian.
دَائِرَةُ نِصْفِ ٱلنَّهَار	Meridian.
خَطُّ ٱلزَّوَال	Mittagslinie.
وَقْتُ ٱلزَّوَال	Mittagszeit (Ms.-S. 86).
مَا قَبْلَ نَصْفِ ٱلنَّهَار	Vormittag.
مَا بَعْدَ نِصْفِ ٱلنَّهَار	Nachmittag.
بُعْدُ ٱلشَّمْسِ مِنْ وَسَطِ ٱلسَّمَاه بِمَدَارِ ٱلْفَلَك	Stundenwinkel.
بُعْدُ يَوْمِ ٱلشَّمْسِ مِنْ وَسَطِ ٱلسَّمَاه	Stundenwinkel.
سَاعَةٌ ٱعْتِدَالِيَّة	Äquinoktialstunde.
سَاعَةٌ زَمَانِيَّة	Temporärstunde.
مَيْلُ دَائِرَةِ ٱلشَّمْس	Sonnendeklination.

Übersetzung [77]).

1b   Im Namen Gottes, des barmherzigen Erbarmers.

Das Buch des Abū 'l-Ḥasan Ṯābit b. Qurra — Gott möge an ihm Gefallen haben — über die Stundeninstrumente, welche ruḫāmāt heißen.

Die Stundeninstrumente, deren Stundenlinien auf irgendeiner gegebenen Ebene, was für eine Ebene es auch immer sei, verzeichnet sind und auf deren Ebene sich ein in ihnen befestigter Maßstab (miqjās) befindet, dessen Schattenspitze auf sie fällt, sodaß diese anzeigt, was vom Tage an Stunden vergangen ist, werden nach einer Gewohnheit, die sich bei vielen Menschen eingebürgert hat, ruḫāmāt genannt. Ihre Herstellung ist verschieden je nach der Ebene, in der jene Instrumente aufgestellt werden. Und wenn wir beabsichtigen, daß wir die Stunden in irgendeine gegebene Ebene einzeichnen, welche Ebene wir immer
2 wollen, so müssen wir wissen, welche Art das ist von den Arten dieser Ebenen und ruḫāmāt — es sind aber sieben Arten.·. Die erste Art von ihnen ist gelegt in die Ebene des Horizonts.·. Und die zweite in die Ebene des Meridians.·. Und die dritte in die Ebene des Kreises, welcher den Horizont und den Meridian rechtwinklig schneidet, indem er sich von Osten nach Westen erstreckt (erster Vertikal).·. Und die vierte in die Ebene eines Kreises, der den Kreis, den wir erwähnt haben als den sich von Osten nach Westen erstreckenden, rechtwinklig schneidet, abweichend vom Meridian nach Osten hin und nach Westen hin, abweichend (auch) vom Kreise des Horizonts.·. Und die fünfte in die Ebene eines auf der Meridianebene senkrecht stehenden Kreises, der nach Norden und Süden abweicht von demjenigen, welchen wir als den sich von Osten nach Westen erstreckenden erwähnt haben,
3 und welcher abweicht vom Kreise des Horizonts.·. Und die sechste in die Ebene eines Kreises, welcher senkrecht steht auf der Ebene des Horizonts, abweichend vom Meridian und vom Kreise, der sich von Osten nach Westen erstreckt. Und der gehört zu den Höhenkreisen.·. Und die siebente in die Ebene eines Kreises, der auf keiner der drei

---

[77]) Ergänzungen und Zusätze sind durch runde Klammern ( ) kenntlich gemacht.

Ebenen senkrecht steht, die wir erwähnt haben, nicht auf der Ebene des Horizontes, nicht auf der des Meridians und nicht auf der des sich von Osten nach Westen erstreckenden Kreises.·.

Wir beschreiben die Berechnung jeder Art von ihnen und ihr Herstellungsverfahren und wollen einige allgemeine Dinge, die in allem jenem benötigt werden, voranschicken, damit wir uns bezüglich ihrer nicht wiederholen.·.

Über die Kenntnis dessen, was wir den Cosinus (ǧaib tamām) eines jeden gegebenen Bogens nennen.

Wenn ein Bogen gegeben ist, subtrahiere ihn von einem Viertelkreis und nimm den Sinus des Restes; der ist dann dasjenige, was wir 4 den Cosinus jenes Bogens nennen.

al-ǧaib al-mankūs
al-qaus al-mankūsa

Über die Kenntnis des Sinus, welcher versus heißt, zu jedem gegebenen Bogen und des Arcus versus zu jedem gegebenen Sinus versus.

Wenn ein Bogen gegeben ist und kleiner ist als ein Viertelkreis, dann subtrahiere ihn von einem Viertelkreis und nimm den Sinus dessen, was übrig bleibt. Dann subtrahiere diesen von dem Sinus totus, und der Rest ist der Sinus versus jenes Bogens. Und wenn der gegebene Bogen größer ist als ein Viertelkreis, so subtrahiere von ihm einen Viertelkreis und nimm den Sinus dessen, was übrig bleibt; dann addiere diesen zum Sinus totus, und die Summe ist der Sinus versus für jenen Bogen.·. Was aber den Sinus versus betrifft, wenn er gegeben ist und 5 kleiner ist als der Sinus totus, so ziehe ihn von dem Sinus totus ab und nimm den Bogen von dem, was übrig bleibt; dann subtrahiere diesen von einem Viertelkreis, und der Rest ist sein Arcus versus. Und wenn der gegebene Sinus versus größer als der Sinus totus ist, so ziehe von ihm den Sinus totus ab und nimm den Bogen dessen, was übrig bleibt. Dann addiere diesen zu einem Viertelkreis, und die Summe ergibt den Arcus versus.·.

Über die Kenntnis der Entfernung der Sonne von der Himmelsmitte um die Angel der Kugel (Stundenwinkel) zu einem gegebenen Zeitpunkte vom Tage.

Nimm das, was zwischen diesem Zeitpunkt und dem Mittag an Stunden liegt. Wenn es Äquinoktialstunden sind, so multipliziere sie 6 mit 15, und wenn es Temporärstunden sind, so multipliziere sie mit den Zeitabschnitten der Tagesstunden deines Tages. Das Produkt ist die Entfernung der Sonne von der Himmelsmitte um die Angel der Kugel (der Stundenwinkel).·.

Über die Kenntnis des Schattens aus der Höhe.

Nimm den Cosinus der Höhe und multipliziere ihn mit der Anzahl der Teile des Maßstabes; wenn du ihn in die Teile unterteilt hast, die „Finger" heißen, mit 12; und wenn du ihn in 60 unterteilt hast, mit 60. Dann dividiere das Produkt durch den Sinus der Höhe, und das Ergebnis ist der Schatten in den Teilen, in die du den Stab unterteilt hast.·. Sodann muß man wissen, daß man zur Her-

$$l = s \cdot \frac{\cos h}{\sin h} \text{[78]}$$

7 stellung jeder von den Arten der ruḥāmāt, welche wir erwähnt haben, die Kenntnis der Länge des Schattens braucht, der von ihrem Stabe her auf sie fällt, und das Azimut dieses Schattens an dem Kreise, welcher um den Fußpunkt ihres Stabes eingezeichnet wird. Den Schatten selbst kennt man durch einen Bogen, der für ihn ausgerechnet wird. Und dieser Bogen ist in der ersten Art von den ruḥāmāt, welche wir erwähnt haben, derjenige, welcher die Höhe abteilt. Was nun den Schatten und das Azimut in ihnen (den ruḥāmāt der ersten Art) betrifft, so sind das die beiden, die unter diesen Namen (nämlich Schatten und Azimut) allgemein bekannt sind; in jeder einzelnen von den übrigen Arten aber gelten sie nur (als besondere Fachausdrücke) für die betreffende Art von den ruḥāmāt. Auch der Bogen, mit dem man den Schatten in den letzteren ausrechnet, ist nur ein Bogen, der die Stelle der Höhe vertritt, nicht die Höhe selbst. Und das erste (Beispiel), mit dessen Verzeichnung wir beginnen, gehört zu dieser ersten Art.·.

8 ### Über die Berechnung und Herstellung der ersten Art von den ruḥāmāt, und sie sind diejenigen, welche in die Ebene des Horizonts gelegt werden.

Horizontaluhr.

Bei den in die Ebene des Horizonts gelegten ruḥāmāt weisen die Stunden zu Anfang und am Ende des Tages unvermeidlicherweise ein (indifferentes) Stück auf, das nicht in ihnen verzeichnet werden kann. Und man bedarf ihretwegen der Kenntnis des Schattens und des Azimuts für die Stunden oder für die Stunden und ihre Teile, seien sie nun Temporär- oder Äquinoktialstunden. Wie dem auch sei, du bist imstande, (beid)es in das ruḥāma einzuzeichnen und dies herzustellen für den Anfang des Steinbocks und den Anfang des Krebses. Dann zeichnest du das ein, was zwischen ihnen an Stundenlinien liegt, geradlinig, oder konstruierst es auch für die anderen Zeichen des Tierkreises, sodaß die Stundenlinien richtiger hinkommen und nicht geradlinig sind.·.

---

[78]) s = miqjās, l = Schatten, h = Höhe der Sonne über dem Horizont.

$$\boxed{\begin{aligned} \text{II.} \quad \sin h &= \sin(90^\circ - \varphi + \delta) \\ &- \text{sinvers}\, t \cdot \frac{\cos \delta}{r} \cdot \frac{\cos \varphi}{r}{}^{79)} \end{aligned}}$$

Über die Kenntnis des Schattens und des Azi- 9 muts, welche man benötigt bei dieser Art von den ruḥāmāt.

Nimm die Entfernung dessen, was zwischen der Sonne und dem Meridian von der Angel der Kugel her liegt, (den Stundenwinkel) zu den Zeitpunkten, die du von den Stunden und ihren Teilen haben willst, und nimm ihren Sinus versus. Dann multipliziere ihn mit dem Cosinus der Sonnendeklination und dividiere das Produkt durch den Sinus totus. Das Resultat davon multipliziere sodann mit dem Cosinus der geographischen Breite des Ortes und dividiere das Produkt durch den Sinus totus. Das Resultat hiervon merke dir dann und subtrahiere es von dem Sinus der Sonnenhöhe zur Mittagszeit. Vom Rest nimm sodann den Arcus; und das ist die Höhe.∴

Und man erhält die Höhe auch noch auf eine andere, verwandte, für die Stunden allgemeingültige Weise. Nimm die Tagesentfernung 10 der Sonne von dem Meridian (den Stundenwinkel) und setze sie in den Sinus versus und ziehe diesen von dem Sinus versus der Hälfte des Tagesbogens ab; und nimm den Sinus der Sonnenhöhe zur Mittagszeit. Dann teile diesen durch den Sinus versus des halben Tagesbogens

---

[79]) Für die Mittagshöhe ist bereits $(90^\circ - \varphi + \delta)$ eingesetzt. Durch Substitution von $(1 - \cos t)$ für sinvers t und Anwendung des bekannten Additionstheorems folgt, wenn der Radius als Einheit genommen wird,

$$\sin h = \cos \varphi \cdot \cos \delta + \sin \varphi \cdot \sin \delta - \cos \varphi \cdot \cos \delta + \cos \varphi \cdot \cos \delta \cdot \cos t$$

$$\sin h = \sin \varphi \cdot \sin \delta + \cos \varphi \cdot \cos \delta \cdot \cos t, \text{ die heute gebräuchliche Form. Zur}$$

Ableitung der Ṯābit'schen Formel halte ich mich an die in v. Braunmühl's Geschichte der Trigonometrie, Teil I, auf S. 39 gezeichnete Figur.

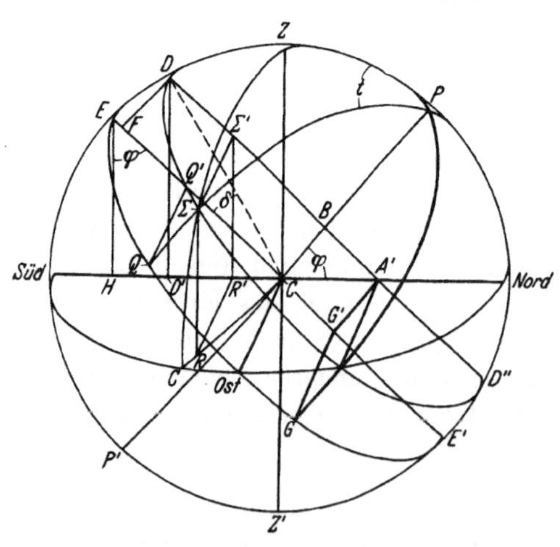

Fig. 1.

$$\frac{D\Sigma'}{DB} = \frac{EQ'}{EC}$$

$$(\varDelta D\Sigma B \sim \varDelta EQC)$$

$$DA' - A'\Sigma' = \frac{EQ' \cdot FC}{EC}$$

$$(FC = DB)$$

$$DA' - \frac{\Sigma' R' \cdot DA'}{DD'} = \frac{EQ' \cdot FC}{EC}$$

$$\left(\frac{\Sigma' R'}{DD'} = \frac{A'\Sigma'}{DA'} \right)$$

$$DD' - \Sigma' R' = \frac{EQ' \cdot FC}{EC} \cdot \frac{EH}{EC}$$

$$\left(\frac{DD'}{DA'} = \frac{EH}{EC} \right)$$

$$\Sigma' R' = DD' - \frac{EQ' \cdot FC}{EC} \cdot \frac{EH}{EC}$$

$$\sin h = \sin(90^\circ - \varphi + \delta)$$

$$- \text{sinvers}\, t \cdot \frac{\cos \delta}{r} \cdot \frac{\cos \varphi}{r}$$

und multipliziere das Resultat mit der Differenz dessen, was zwischen dem Sinus versus der Entfernung der Sonne vom Meridian und dem Sinus versus des halben Tagesbogens liegt. Von dem Resultat nimm den Bogen, und das ist die Höhe der Sonne für diesen Zeitpunkt. Wenn du nun die Höhe kennst

$$\text{I. } \sin h = (\text{sinvers } t_0 - \text{sinvers } t) \cdot \frac{\sin(90^0 - \varphi + \delta)}{\text{sinvers } t_0}\,[80]$$

mittels desjenigen Weges, den du von diesen beiden Wegen (nehmen) willst, dann berechne den Schatten aus ihr auf die Weise, die wir im Vorhergehenden erwähnt haben.˙.

Wenn du nun die Kenntnis des Azimuts haben willst, so nimm
11 den Sinus der Entfernung der Sonne vom Meridian um die Angel der Kugel. Darauf multipliziere ihn mit dem Cosinus der Deklination der Sonne und teile das Produkt durch den Cosinus der Höhe. Von dem Ergebnis nimm dann den Arcus, und das ist der Bogen des Azimuts von der Süd- und Nordrichtung aus.˙.

$$\frac{\sin t \cdot \cos \delta}{\cos h} = \sin a$$

Wenn du nun seine Himmelsrichtung wissen willst, ich meine die Himmelsrichtung des Azimuts der Sonne, so nimm zur Kenntnis, daß, wenn die Deklination der Sonne nach der entgegengesetzten Seite deines Ortes liegt oder die Deklination nach der Seite deines Landes fällt und größer ist als die geographische Breite des Ortes, das Azimut in der Richtung der Deklination liegt. Und

$$\sin(\varphi - \delta) \cdot \frac{\cos \varphi}{\sin \varphi}\,[81]$$

---

[80] Bezüglich der Ableitung dieser Formel verweise ich auf Seite 3 der Einleitung. Sie läßt sich ebenfalls ohne Mühe in die gleiche, heute gebräuchliche Form überführen wie Formel II:

$$\sin h = (1 + tg\varphi \cdot tg\delta - 1 + \cos t) \cdot \frac{\sin(90^0 - \varphi + \delta)}{1 + tg\varphi \cdot tg\delta}$$
$$= (tg\varphi \cdot tg\delta + \cos t) \cdot \cos \varphi \cdot \cos \delta$$
$$\sin h = \sin \varphi \cdot \sin \delta + \cos \varphi \cdot \cos \delta \cdot \cos t.$$

Die Ableitung ist der Figur 1 auf Seite 42 zu entnehmen:

$$\frac{Q'G'}{EG'} = \frac{\Sigma'A'}{DA'}; \quad \frac{\Sigma'A'}{DA'} = \frac{\Sigma'R'}{DD'}, \quad \frac{Q'G'}{EG'} = \frac{\Sigma'R'}{DD'}; \quad Q'G' = EG' - EQ',$$

$$\Sigma'R' = (EG' - EQ') \cdot \frac{DD'}{EG'}.$$

[81]
$$D'C = \sin(\varphi - \delta)$$
$$EH = \cos \varphi$$
$$HC = \sin \varphi$$
$$\frac{DX}{XY} = \frac{EH}{HC}$$
$$DX = XY \cdot \frac{EH}{HC}$$
$$DX = \sin(\varphi - \delta) \cdot \frac{\cos \varphi}{\sin \varphi}$$

DX ist die Differenz zwischen dem Sinus der Sonnenhöhe zur Mittagszeit und dem Sinus ihrer Höhe im Ostwestvertikal. Je nachdem also

$$\text{sinvers } t \cdot \frac{\cos \delta}{r} \cdot \frac{\cos \varphi}{r} \text{ in Formel II (Ms.-S. 9) größer}$$

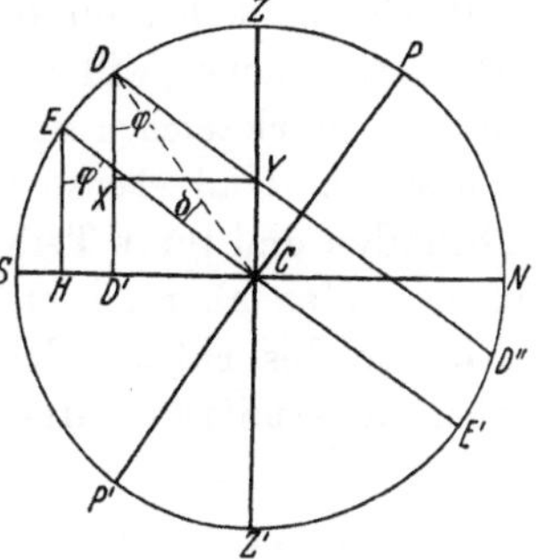

Fig. 2.

wenn dies nicht der Fall ist, so nimm die Differenz der beiden und
nimm den Sinus davon und multipliziere ihn mit dem Cosinus der
Breite des Ortes; dann teile das Produkt durch den Sinus der Breite
des Ortes. Wenn nun das, was herauskommt, kleiner ist als das im
Gedächtnis Bewahrte, welches du dir gemerkt hast, so liegt das Azimut
nach der Seite deines Landes, und wenn es größer ist als dieses, so
fällt das Azimut nach der entgegengesetzten Seite deines Ortes. Und 12
was das Azimut des Schattens betrifft, so liegt es nach der entgegengesetzten Seite des Azimuts der Sonne. Und wenn du den Schatten
und sein Azimut und dessen Richtung kennst und willst das ruḫāma
verzeichnen, so berechne hieraus nach dem Verfahren, welches wir im
Nachfolgenden bringen werden, die Länge und Breite, die das ruḫāma
haben muß, um die Stunden darin einzeichnen zu können, und die
Stelle für den Stab in ihm sowie die zahlenmäßige Länge des Stabes.
Darauf zeichne in das ruḫāma eine gerade Linie ein, deren Länge das
Mehrfache der Länge des Stabes beträgt, und teile diese Linie durch
die einfache Länge des Stabes und unterteile jeden Teil von ihr in
die Teile des Stabes und die Teile seiner Teile. Darauf mache den
Fußpunkt des Stabes zum Mittelpunkt und beschreibe um ihn einen
Kreis und teile diesen in 360 Teile und nimm von diesen Teilen die
Größe des Azimuts des Schattens aus der Himmelsgegend, welche zu 13
diesem Zeitpunkt von den Stunden für den Anfang des Krebses gebraucht wird, und lege ein Lineal an den Mittelpunkt des Kreises
und an die Stelle dieses Azimuts, welches du genommen hast. Darauf
nimm einen Zirkel, öffne ihn zur Größe des Schattens an Teilen des
Stabes und setze eins seiner Enden auf den Mittelpunkt und das andere
Ende an das Lineal; wo es dann auftrifft, da markiere auf dem ruḫāma
ein Zeichen für diesen Zeitpunkt von den Stunden des Krebses. Darauf tu genau das gleiche mit dieser Stunde von den Stunden des
Steinbocks. Dann zieh eine Gerade von dem Zeichen dieser Stunde
von den Stunden des Krebses zu dieser Stunde von den Stunden des
Steinbocks, und das ist dann die Linie dieser Stunde. Und wenn du
das gleiche zunächst für den Anfang eines jeden von den Zeichen des
Tierkreises machen willst, deren Höhe im Meridian verschieden ist, um
dann ihre Merkzeichen durch Linien zu verbinden, so ist das richtiger 14
und besser.·. Und ebenso machst du es mit den übrigen Stunden oder
den Stunden und ihren Teilen, seien sie nun Temporär- oder Äquinoktialstunden. Was aber die erforderliche (zahlenmäßige) Größe der Länge
und Breite des ruḫāma betrifft und die Stelle des Stabes in ihm, so
werden sie ermittelt durch das hier folgende Konstruktionsverfahren.·.

---

oder kleiner ist als DX, ist das Azimut bei nördlicher Breite des Ortes von Norden
oder Süden zu zählen, bzw. bei südlicher Breite umgekehrt.

Eine andere Art der Herstellung für das ruḥāma, welches in der Ebene des Horizonts liegt, zu der die Umstände zwingen, wenn sein Stab schon eingesetzt ist.

Wenn du die Stunden(punkte) in diesem ruḥāma herstellen willst, ohne in ihm einen Kreis einzuzeichnen, so teile die Länge des ruḥāma und seine Breite in Teile, von denen jeder gleich einem von den Teilen ist, 15 in welche der Stab geteilt werden soll, indem du dieses an seinen vier Seiten ausführst. Und es geschieht dies wegen der Abmessung der erforderlichen Länge und Breite, deren (zahlenmäßige) Größe wir später erklären werden, für die Stelle der (betreffenden) Stunde [82]. Und wenn du die Örter der Stundenlinien markieren willst, legst du ein Lineal auf die beiden Seiten seiner (des ruḥāma) Länge auf die Teile von den beiden, welche sich dir durch die Berechnung, die wir beschreiben werden, ergeben von den Teilen der Länge für jene Stunde und ziehst eine schwach sichtbare Linie. Darauf legst du das Lineal auf die beiden Seiten seiner Breite auf die Teile von den beiden, welche sich dir durch die Berechnung, die wir beschreiben werden, ergeben von den Teilen der Breite für jenen Zeitpunkt. Wo dann das Lineal die erste Linie schneidet, markierst du ein Zeichen für jene Stunde, welche du wünschest, und ebenso für die übrigen Stunden des Steinbocks und 16 des Krebses oder sämtlicher Sternbilder des Tierkreises, deren Höhe im Meridian verschieden ist. Darauf ziehst du so, wie wir bei dem vorigen Verfahren angegeben haben, die Stundenlinien zwischen den markierten Punkten aus.

Über die Berechnung der Längen- und Breitenteile, die bei dem erwähnten Herstellungsverfahren für jeden Zeitpunkt gebraucht wurden.

Rechne das Azimut und den Schatten aus für jenen Zeitpunkt mit Hilfe der Kapitel, welche schon vorangegangen sind. Darauf nimm den Bogen vom Azimut des Schattens, wenn es nördlich ist, von der Nordrichtung her, und wenn es südlich ist, von der Südrichtung her; und nimm seinen Sinus und den Sinus dessen, was am vollständigen Viertelkreis fehlt und multipliziere jeden einzelnen von den beiden mit dem Schatten zu dieser Zeit. Dann teile das Ergebnis aus 17 jedem einzelnen von den beiden getrennt durch den Sinus totus; was dann herauskommt aus dem ersten von den beiden, sind die

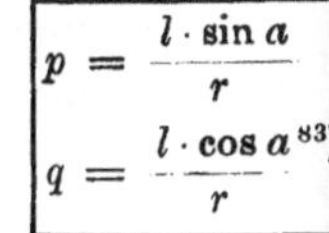

$$p = \frac{l \cdot \sin a}{r}$$

$$q = \frac{l \cdot \cos a}{r} \,^{[83]}$$

---

[82] Eigentlich: „des Teiles der Stunden".

[83]

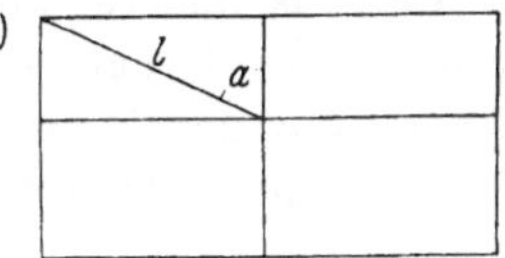

Fig. 3.

Längenteile in Teilen des Stabes, und was sich aus dem zweiten ergibt, sind die Breitenteile in Teilen des Stabes. Und die Längenteile beginnen im ruḫāma an der Mittagslinie, welche durch den Fußpunkt des Stabes geht, und erstrecken sich nach Osten und nach Westen; was den Vormittag anbetrifft, nach Osten, was den Nachmittag betrifft, nach Westen[84]. Und die Breitenteile beginnen im ruḫāma an der Linie, welche durch den Fußpunkt des Stabes geht und die Mittagslinie rechtwinklig schneidet, und erstrecken sich nach Norden oder nach Süden; wenn das Azimut des Schattens nördlich ist, nach Norden; und wenn es südlich ist, nach Süden.·. Und mittels dieses Verfahrens kennt man (auch) die Längen- und Breitenteile der (gesamten) ruḫāma- 18 Fläche, in der die Stunden verzeichnet werden sollen, bei darin festgelegtem Fußpunkt des Stabes und kann sie ausrechnen. Und zwar sind das Länge und Breite zu Beginn und am Ende der Stunden, die zur Verzeichnung kommen. Und man zählt die Teile vom Stabe aus.·.

Eine andere Art von Verfahren.

Und wenn du nur die Längenteile allein zu verwenden wünschest zusammen mit der Größe des Schattens oder die Breitenteile allein zusammen mit der Größe des Schattens, ist es dir möglich dadurch, daß du das Lineal z. B. auf jene Längenteile legst, welche übrig bleiben an den beiden einander gegenüberliegenden Längsseiten. Darauf nimmst du einen Zirkel, öffnest ihn dann um das Maß der Schattenteile für jenen Zeitpunkt und stellst eine seiner beiden Spitzen auf den Fußpunkt des Stabes und läßt die andere Spitze einen Kreis beschreiben. Wo sie dann auf die Kante des Lineals stößt, da markierst 19 du am ruḫāma das Zeichen der Stunde. Entsprechend verfährst du mit den Teilen der Breite, wenn du mit ihr die Verzeichnung vornehmen willst.·.

Morgen- und
Abenduhr.

Über die Berechnung und Herstellung der zweiten Art von den ruḫāmāt; nämlich derjenigen, welche in die Ebene des Meridians gelegt werden.

Es gibt auch ruḫāmāt, deren Ebene in der Ebene des Meridians liegt, und man kann an ihnen die Stunden nur von Anfang des Tages bis nahe an den Mittag erkennen oder von der Zeit um ein weniges nach Mittag bis zum Ende des Tages; und aus diesem Grunde benötigt man von ihnen ein Paar, von dem das eine für die Stunden des Vor- 20 mittags und das andere für den Nachmittag ist.·. Und man bedarf bezüglich ihrer der Kenntnis des Schattens, der auf sie fällt von ihren Stäben her, und des Azimuts dieses Schattens an den Kreisen, welche um die Fußpunkte ihrer Stäbe beschrieben werden, und muß beides

---

[84] Ein Irrtum: Die Himmelsrichtungen Ost und West müssen vertauscht werden.

herstellen für die Stunden oder die Stunden und ihre Teile am Anfang des Krebses und am Anfang des Steinbocks oder auch noch zu Beginn der übrigen Sternbilder des Tierkreises so, wie wir berichtet haben betreffs des andern (ruḫāma) unter dem bereits Besprochenen. Und du fertigst dieses an für Temporär- oder Äquinoktialstunden.·.

Über die Ausrechnung des Schattens und des Azimuts, welche man benötigt bei diesem ruḫāma, das wir erwähnt haben.

Nimm die Entfernung der Sonne vom Meridian um die Angel der Kugel (den Stundenwinkel) und nimm ihren Sinus und multipliziere ihn 21 mit dem Cosinus der Sonnendeklination. Dann dividiere das Produkt durch den Sinus totus. Von dem, was herauskommt, nimm dann den Bogen und merke ihn dir und nimm ihn an Stelle der Höhe und rechne mit ihm den Schatten aus, wie du ihn

$$\frac{\sin t \cdot \cos \delta}{r} = \sin \eta_2 \text{[86]})$$

aus der Höhe ausrechnest bei der Herstellung des (ersten) ruḫāma, welches in der Ebene des Horizonts liegt. Das ist der Schatten, den du haben willst, in diesem ruḫāma. Willst du aber das Azimut dieses Schattens in diesem ruḫāma wissen, dann nimm den Bogen, welchen du dir gemerkt hast, ziehe ihn von einem Viertelkreis ab und nimm den Sinus dessen, was übrig bleibt, und dividiere durch ihn das Ergebnis aus der Multiplikation des Sinus totus mit der Deklination der Sonne[85]). Von dem, was herauskommt, nimm dann den Bogen und nimm die Differenz zwischen diesem Bogen und der geo-

$$\frac{\sin \delta \cdot r}{\cos \eta_2} = \sin \alpha_2 \text{[86]})$$

graphischen Breite des Ortes, wenn die Deklination der Sonne und die Breite des Ortes sich auf einer Seite befinden; wenn 22 dies aber nicht der Fall ist, so addiere die beiden. Und was sich ergibt aus der Bildung der Differenz oder der Summe, ist der Bogen

---

[85]) Gemeint ist natürlich: „mit dem Sinus der Sonnendeklination“.

[86]) η_2 ist der Erhebungswinkel der Sonne über dem Meridian; α_2 ist der Richtungsunterschied zwischen dem Äquator und dem durch Sonne und Ost-Westlinie gelegten Kreise.

Den Fall, daß Sonnendeklination und örtliche

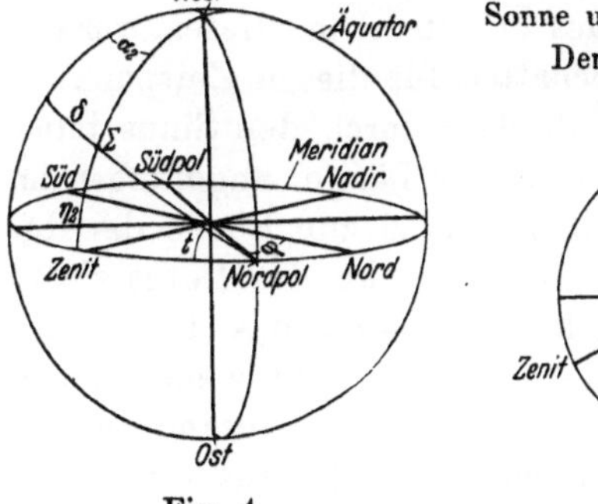

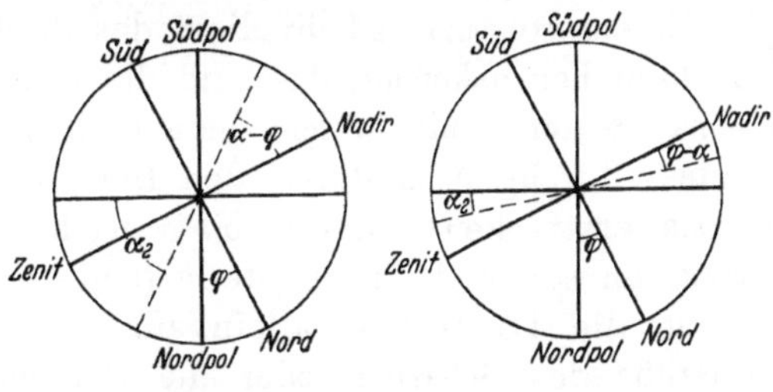

Fig. 4.   Fig. 5.   Fig. 6.

Breite entgegengesetztes Vorzeichen haben, erläutere ich nicht durch besondere Figuren, da er auf Grund der vorliegenden Zeichnungen unschwer vorstellbar ist.

vom Azimut des Schattens in diesem ruḫāma an dem Kreise, welcher in ihm um den Fußpunkt seines Stabes beschrieben wird. Und dieser Bogen nimmt seinen Anfang an der tiefsten Stelle in diesem Kreise — und zwar ist sie diejenige, durch die das Lot geht, wenn es von dem Mittelpunkte dieses Kreises aus heruntergelassen wird — und seine Richtung hat er nach Norden oder nach Süden. Wenn die Deklination der Sonne und die geographische Breite des Ortes auf einer Seite liegen und zugleich hiermit der Bogen, dessen Differenz mit der Breite des Ortes genommen worden ist, größer ist als die Breite des Ortes, so liegt das Azimut des Schattens nach der entgegengesetzten Seite der Breite des Ortes. Wenn das aber nicht der Fall ist, dann liegt das Azimut des Schattens nach der Seite der Breite des Ortes.

Eine andere Art der Herstellung für dieses ruḫāma, das in die Ebene des Meridians gelegt wird. 23

Man kann dieses ruḫāma auch herstellen, ohne daß man in ihm einen Kreis gebraucht für das Azimut, mittels eines Verfahrens, ähnlich dem zweiten, das bei der Herstellung des horizontalen ruḫāma angewendet wurde, durch Einteilung seiner vier Seiten und Berechnung der Längen- und Breitenteile in ihm für die verschiedenen Zeitpunkte.·. Dabei ist so vorzugehen, daß man den Schatten in diesem ruḫāma berechnet und sein Azimut in ihm nach dem Verfahren, welches wir für es angewendet haben. Darauf nimmt man den Sinus vom Azimut des Schattens und multipliziert ihn mit dem Schatten für diesen Zeitpunkt in diesem ruḫāma und dividiert das Produkt durch den Sinus totus. Was dann herauskommt, das sind die Teile der Breite, angefangen im 24 ruḫāma von der Linie des Lotes, welche durch den Fußpunkt seines Stabes geht. Und sie (die Breitenteile) erstrecken sich nach Norden, wenn das Azimut des Schattens nach Norden liegt, und nach Süden, wenn das Azimut des Schattens im Süden liegt. Darauf nimmt man den Cosinus vom Azimut des Schattens in diesem ruḫāma und multipliziert ihn mit dem Schatten für diesen Zeitpunkt in diesem ruḫāma und dividiert das Produkt durch den Sinus totus. Was dann herauskommt, das sind die Teile der Länge, angefangen im ruḫāma an der Linie, welche man in ihm parallel zur Ebene des Horizontes, durchgehend durch den Befestigungspunkt des Lotes zieht; und sie erstrecken sich von oben nach unten, weil das Lot dieses ruḫāma an seiner höchsten Stelle (befestigt) ist.·. Und wenn man in ihm nur die Längenteile allein anzuwenden wünscht zusammen mit 25 der Größe des Schattens oder die Breitenteile allein zusammen mit der Größe des Schattens, so hat man die Möglichkeit dazu nach demselben Verfahren, das wir für das vorhergehende ruḫāma beschrieben haben.·.

$$\frac{l \cdot \sin \alpha}{r} = q$$

$$\frac{l \cdot \cos \alpha}{r} = p$$

26   **Über die Berechnung und Herstellung der dritten Art** ┌─────────────┐
      von den ruḫāmāt, nämlich derjenigen, welche den Hori- | Mittagsuhren. |
      zont und den Meridian rechtwinklig schneiden. └─────────────┘

Es gibt auch ruḫāmāt, die in eine Ebene gelegt sind, welche sich von Osten nach Westen erstreckt und rechtwinklig auf der Ebene des Horizonts steht. Und man entnimmt ihnen nicht die Gesamtzahl der Stunden, wenn die Sonne im Zeichen des Krebses steht; sie sind in diesem vielmehr weit unvollständiger, als sie es bei dem vorigen (ruḫāma) waren. Und man bedarf bezüglich ihrer der Kenntnis der Größe des Schattens, welcher auf sie fällt von ihren Stäben her, und des Azimuts dieses Schattens an den Kreisen, welche man um die Fußpunkte ihrer Stäbe beschreibt, und muß dieses (beides) herstellen für die Stunden
27 oder die Stunden und ihre Teile am Anfang des Krebses und am Anfang des Steinbocks oder auch noch zu Beginn der übrigen Sternbilder des Tierkreises, deren Höhe im Meridian verschieden ist. Und man stellt dieses her entweder für Temporär- oder für Äquinoktialstunden, wie wir bei dem andern (ruḫāma) berichtet haben.

Über die Kenntnis des Schattens und des Azimuts, welche man benötigt für dieses ruḫāma, von dem wir gesprochen haben.

Nimm die Entfernung zwischen der Sonne und dem Meridian um die Angel der Kugel (den Stundenwinkel) zu den Zeitpunkten, die du von den Stunden und ihren Teilen wünschest; und nimm ihren Sinus versus. Dann multipliziere diesen mit dem Cosinus der Sonnendekli-
28 nation. Das Produkt dividiere dann durch den Sinus totus; und was da herauskommt, multipliziere mit dem Sinus der geographischen Breite des Ortes. Dies Produkt dividiere sodann durch den Sinus totus und bilde die Differenz zwischen dem Ergebnis und dem Cosinus der Sonnenhöhe zur Mittagszeit und erkenne den Überschuß aus den beiden. Vom Resultat nimm den Bogen; und er ist ein Bogen, der in diesem ruḫāma die Stelle der Höhe im ersten ruḫāma einnimmt. Sodann rechne aus

diesem Bogen den Schatten aus, wie du ihn ausrechnest aus der Höhe bei der Herstellung des

$$\sin \eta_3 = \cos (90^0 - \varphi + \delta) - \operatorname{sinvers} t \cdot \frac{\cos \delta}{r} \cdot \frac{\sin \varphi}{r} \quad {}^{87)}$$

(ersten) ruḫāma, welches in der Ebene des Horizontes liegt. Und er ist der Schatten, den du wünschest in diesem ruḫāma, an seiner nördlichen oder südlichen Seite. Und wenn du das Azimut dieses Schattens in diesem ruḫāma wissen willst, so nimm den Sinus der Entfernung der Sonne vom Meridian um die Angel der Kugel (des Stundenwinkels)
29 und multipliziere ihn mit dem Cosinus der Sonnendeklination; dann di-

---

[87]) η_3 ist der Erhebungswinkel der Sonne über dem ersten Vertikal. Die Formel

vidiere das Produkt durch den Cosinus des Bogens, den du weiter
oben ausgerechnet hast, welcher die Stelle der Höhe einnimmt. Von
dem, was herauskommt, nimm dann den Bogen; und das ist der Bogen
vom Azimut des Schattens in diesem ruḫāma an dem Kreise,

$$\frac{\sin t \cdot \cos \delta}{\cos \eta_3} = \sin \alpha_3$$

welchen man in ihm um den Fußpunkt seines Stabes beschreibt. Und es beginnt dieser Bogen an der tiefsten Stelle
in dem Kreise, und das ist diejenige, durch welche das Lot, wenn es
vom Fußpunkt des Stabes aus heruntergelassen wird, hindurchgeht.
Und seine Richtung hat er nach Osten oder Westen; handelt es sich
um Stunden, welche vormittags liegen, nach Westen; und handelt es
sich um solche, die nachmittags liegen, nach Osten.·. Darauf fertigst
du dieses ruḫāma an mittels dessen, was du an Azimut und Schatten
nun kennst in ihm, entsprechend dem ersten Verfahren, das du bei
dem ersten ruḫāma angewendet hast. Und es gibt für dieses noch eine
zweite Art wie für jenes.·.

Eine zweite Art bezüglich der Herstellung dieses auf der Ostwestlinie errichteten ruḫāma.

Man kann dieses ruḫāma auch herstellen, ohne daß man in ihm
einen Kreis gebraucht für das Azimut, mittels eines ähnlichen Ver-

---

läßt sich, wie ich schon in der Einleitung bemerkte, leicht aus der erwähnten v. Braunmühl'schen Zeichnung entnehmen.

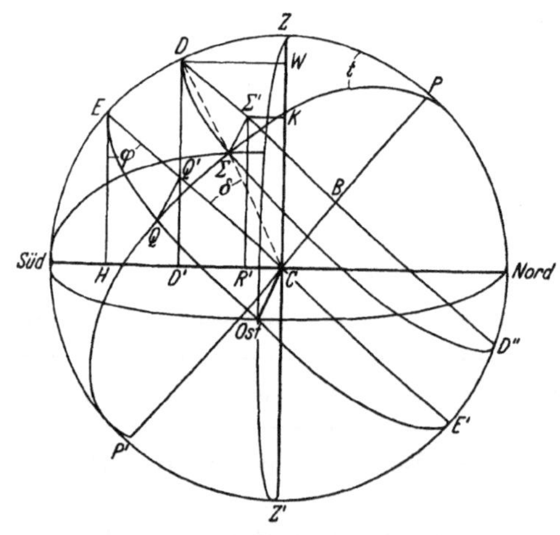

Fig. 7.

$$\frac{D\Sigma'}{DB} = \frac{EQ'}{EC} \qquad \Delta D\Sigma B \sim \Delta EQC;$$
$$\Sigma\Sigma' \perp DB;$$
$$QQ' \perp EC$$

$$\frac{D\Sigma'}{D'R'} = \frac{EC}{HC}$$

$$DW - \Sigma'K = D'R'$$

$$EQ' \cdot \frac{DB}{EC} = (DW - \Sigma'K) \cdot \frac{EC}{HC}$$

$$\Sigma'K = DW - EQ' \cdot \frac{DB}{EC} \cdot \frac{HC}{EC}$$

$$\sin \eta_3 = \cos (90^0 - \varphi + \delta) - \operatorname{sinvers} t \cdot \frac{\cos \delta}{r} \cdot \frac{\sin \varphi}{r}$$

Formt man um und setzt $r = 1$, so erhält man aus

$$\sin \eta_3 = \sin \varphi \cdot \cos \delta - \cos \varphi \cdot \sin \delta - \cos \delta \cdot \sin \varphi + \cos \delta \cdot \sin \varphi \cdot \cos t$$
$$\sin \eta_3 = -\sin \delta \cdot \cos \varphi + \cos \delta \cdot \sin \varphi \cdot \cos t.$$

Es ist der Cosinussatz, angewendet auf das Dreieck „Nordpol - Sonne - Südpunkt im
Horizont".

fahrens wie des letzteren, welches wir beschrieben haben bei dem ruḥāma, welches in der Ebene des Horizontes liegt, durch Einteilung seiner vier Seiten und Berechnung der Längenteile und der Breitenteile in ihm für die verschiedenen Zeitpunkte.∴

Dabei ist so vorzugehen, daß man den Schatten und sein Azimut in diesem ruḥāma ausrechnet nach dem Verfahren, welches wir für es angewendet haben. Darauf nimmt man den Sinus vom Azimut des Schattens und multipliziert ihn mit dem Schatten zu diesem Zeitpunkt in diesem ruḥāma und dividiert das Produkt durch den Sinus totus. Was da herauskommt, sind dann die Teile der Länge,

$$\frac{l \cdot \sin \alpha_3}{r} = p_3$$

31 angefangen im ruḥāma von der Linie des Lotes, welche durch den Fußpunkt seines Stabes geht, sich erstreckend nach Osten und nach Westen; vormittags nach Westen und nachmittags nach Osten. Darauf nimmt man den Cosinus vom Azimut des Schattens in diesem ruḥāma und multipliziert ihn mit dem Schatten zu diesem Zeitpunkt in diesem ruḥāma und dividiert das Produkt durch den Sinus totus. Was da herauskommt, sind dann die Teile der Breite, angefangen im ruḥāma an der Linie, welche man im ruḥāma parallel zur Ebene des Horizontes, durchgehend durch den Befestigungs-

$$\frac{l \cdot \cos \alpha_3}{q} = q_3$$

punkt des Lotes zieht; und sie erstrecken sich stets von oben nach unten, weil das Lot dieses ruḥāma an seiner höchsten Stelle (befestigt)

32 ist.∴ Und wenn man in ihm nur die Längenteile allein zu verwenden wünscht zusammen mit der Größe des Schattens oder die Breitenteile allein zusammen mit der Größe des Schattens, so hat man die Möglichkeit dazu nach demselben Verfahren, das wir für das vorhergehende ruḥāma beschrieben haben.∴

33 Im Namen Gottes, des barmherzigen Erbarmers.

Über die Ableitung der (einzelnen) Berechnungen dieser drei Arten von den ruḥāmāt, immer einer von ihnen aus einer anderen.

Und diese ruḥāmāt, von denen wir gesprochen haben, sind die ersten, einfachen Arten derselben, und ihre (einzelnen) Berechnungen und ihre Herstellungsverfahren, welche wir beschrieben haben, erscheinen abgetrennt für jede einzelne von ihnen besonders. Man kann jedoch auch, wenn man die Berechnung einer dieser drei Arten von den ruḥāmāt, von denen wir gesprochen haben, bereits fertiggestellt hat, diese mit Leichtigkeit in die Berechnung eines anderen ruḥāma überführen. Man leitet dann jede einzelne von den (beiden) Herstellungsweisen einer von ihnen (den verschiedenen Arten der ruḥāmāt) aus der ihr entsprechenden Herstellungsweise der andern (Art) ab, die erste Herstellungsweise aus der ersten und die zweite aus der zweiten.∴

4*

Über die Berechnung der dritten von den drei erwähnten 34 Arten der ruḫāmāt aus dem Ergebnis, zu dem die Berechnung der ersten Art von ihnen führte; und die Umkehrung hiervon.

Du hast mittels des ersten von den beiden Herstellungsverfahren des erwähnten ersten ruḫāma die Höhe ausgerechnet, durch die du den Schatten für einen bestimmten Zeitpunkt kennst, ferner das Azimut dieses Schattens; nun willst du hiermit den Bogen berechnen, der in der dritten von den erwähnten Arten der ruḫāmāt, nämlich der in der Ostwestebene liegenden, die Stelle der Höhe vertritt, durch den der Schatten in ihm (dem ruḫāma) gegeben ist; ferner willst du auch das Azimut dieses Schattens in ihm (dem ruḫāma) wissen; da nimm den Sinus des Azimuts und multipliziere ihn mit dem Cosinus der Höhe; dann teile das Produkt durch den Sinus totus.

$$\frac{\sin a \cdot \cos h}{r} = \sin \eta_3 \;^{[88]}$$

Von dem, was herauskommt, nimm den Arcus und merke 35 ihn dir; das ist nämlich der Bogen, welcher die Stelle der Höhe einnimmt; und mit ihm rechnest du den Schatten in der dritten von den Arten der ruḫāmāt aus, von denen wir gesprochen haben. Darauf nimm den Sinus der Höhe und multipliziere ihn mit dem Sinus totus.

$$\frac{r \cdot \sin h}{\cos \eta_3} = \sin \alpha_3 \;^{[88]}$$

Das Produkt dividiere dann durch den Cosinus des Bogens, den du dir gemerkt hast. Von dem Quotienten nimm dann den Arcus; und das ist das Azimut in der dritten von den Arten der ruḫāmāt, von denen wir gesprochen haben.·. Wir haben das vorstehende Kapitel über die Berechnung des Schattens in der dritten Art von den ruḫāmāt aus der ersten Art von ihnen nicht besprochen, weil sie leichter ist als die direkte Berechnung desselben in den vorhergehenden Kapiteln, sondern damit nicht in der Reihe dieser Herstellungsverfahren eine Lücke entsteht.·. Und wenn du nun die Umkehrung hiervon wünschest, ich meine, daß du aus dem, was du schon berechnet hast für die dritte Art von den ruḫāmāt, das ableitest, was in der 36

---

[88]) Das Azimut im Horizont wird hier im Gegensatz zu Ms.-S. 11 nicht von Süden und Norden, sondern von Osten und Westen aus gezählt. Vergleiche hierzu Nallino in Al-Battānī, Op. astron. I. Kap. XI. Adnotationes, S. 184: „Cum autem Al-Battānī, ut Arabes fere omnes, azimuth a linea ortus et occasus computet“ und C. Schoy, Mittagslinie und Qibla, S. 566: „.... die Ostwestlinie, an der die Araber — im Gegensatz zu uns — das Azimut immer beginnen ließen“.

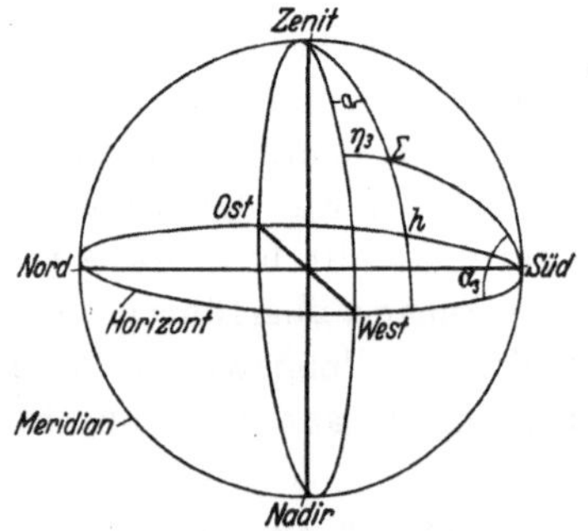

Fig. 8.

ersten Art von ihnen an Azimut und Höhe ist, so subtrahiere den
Bogen, mit dem du den Schatten dieses dritten ruḫāma ausgerechnet
hast, dessen Stellung in ihm die der Höhe ist, von einem Viertelkreis,
nimm den Sinus des Restes und multipliziere ihn mit
dem Cosinus des Azimuts im dritten ruḫāma; das Produkt
dividiere dann durch den Sinus totus; und von dem, was
herauskommt, nimm den Arcus und merke ihn dir: das ist nämlich
der Bogen der Höhe, mit dem du den Schatten im ersten ruḫāma
ausrechnest.·. Darauf nimm den Sinus des Bogens, welcher die Stelle
der Höhe einnimmt in diesem dritten ruḫāma und multipliziere ihn
mit dem Sinus totus; das Produkt dividiere durch den Cosinus
der Höhe, welche du ausgerechnet hast für das erste ruḫāma.

$$\frac{\cos\eta_3\cdot\cos\alpha_3}{r}=\sin h \text{ [89]}$$

$$\frac{r\cdot\sin\eta_3}{\cos h}=\sin a$$

37 Von dem, was da herauskommt, nimm dann den Bogen, und
das ist das Azimut im ersten ruḫāma.·.

Die(selbe) Berechnung aus der ersten (Art) nach dem zweiten Herstellungsverfahren [90].

Wenn du nun aus dem zweiten Herstellungsverfahren der ersten
Art von den besprochenen ruḫāmāt, bei dem du keinen Kreis des
Azimuts gebrauchst, das zweite Herstellungsverfahren der dritten
Art von ihnen ableiten willst, so nimm die Anzahl der Teile des
Stabes stets, wenn sie 12 betragen, wie auch, wenn sie 60 betragen,
und dividiere sie (die Anzahl) dann durch die Teile der Länge
vom (ersten) ruḫāma für jenen Zeitpunkt; was herauskommt,
merke dir und multipliziere es mit der Anzahl der Teile des
Stabes; dann kommen die Teile der Länge im dritten ruḫāma für
dich heraus. Dann nimm noch einmal das, was du dir gemerkt hast, und multipliziere es mit den Teilen der Breite vom
ersten ruḫāma. Was dann herauskommt, sind die Teile der Breite

$$\frac{s^2}{p_1}=p_3 \text{ [91]}$$

$$\frac{s\cdot q_1}{p_1}=q_3 \text{ [91]}$$

38 vom dritten ruḫāma. Und die Richtung der einen ist die Richtung
der andern. Wenn du aber die Umkehrung hiervon haben willst,
so nimm die Teile der Länge vom dritten ruḫāma und die Teile der
Breite von ihm und verfahre mit ihnen dann, wie du vorher mit den
Teilen der Länge und Breite vom ersten verfahren hast. Dann kommen
für dich aus der Multiplikation des im Gedächtnis Bewahrten,
welches du alsdann ausgerechnet hast, mit den Teilen der Länge [92]

---

[89]) Das Azimut im dritten ruḫāma wird hier einmal vom Zenit, das andere Mal
vom Ost- oder Westpunkt aus gerechnet.

[90]) Ausführlich müßte die Überschrift arabisch heißen: استخراج الوجه الثانى من
عمل الصنف الثالث من الرخامات من الصنف الاول منها. „Die Berechnung des
zweiten Herstellungsverfahrens für die dritte Art von den ruḫāmāt aus der ersten Art
von ihnen.“

$$\frac{s \cdot q_3}{p_3} = q_1 \text{ [91]}$$

$$\frac{s^2}{p_3} = p_1 \text{ [91]}$$

vom dritten ruḫāma die Teile der Länge[92]) vom ersten ruḫāma heraus, und durch seine Multiplikation mit der Anzahl der Teile des Stabes vom ruḫāma kommen für dich die Teile der Breite[92]) heraus.

Über die Berechnung der zweiten von den drei besprochenen Arten der ruḫāmāt aus dem Ergebnis, zu dem die Berechnung der ersten Art von ihnen führte; und die Umkehrung hiervon.

Es ist mittels des ersten der beiden vorerwähnten Verfahren für 39 das erste, das horizontale ruḫāma, die Höhe, durch die der Schatten für einen bestimmten Zeitpunkt gegeben ist, sowie das Azimut dieses Schattens ausgerechnet; nun willst du hieraus den Bogen berechnen, der an Stelle der Höhe die Kenntnis des Schattens vermittelt, wie auch das Azimut dieses Schattens in der zweiten Art der besprochenen ruḫāmāt, nämlich derjenigen, deren Ebene über der Mittagslinie senkrecht auf der Ebene des Horizonts steht. Da nimm dann den Cosinus der Höhe, multipliziere ihn mit dem Cosinus des Azimuts und dividiere das Produkt durch den Sinus totus. Von dem, was da herauskommt, nimm dann den Arcus und merke ihn dir; und das ist der

$$\frac{\cos h \cdot \cos a}{r} = \sin \eta_2 \text{ [93]}$$

Bogen, welcher die Stelle der Höhe einnimmt und mit dem du den Schatten ausrechnest in der zweiten von den 40 Arten der ruḫāmāt, die wir besprochen haben.·. Darauf nimm den Sinus der ersten Höhe und multipliziere ihn mit dem Sinus totus und teile das Produkt durch den Cosinus des Bogens, den du dir gemerkt hast; von dem, was herauskommt, nimm den Bogen und ziehe ihn von einem Viertelkreis ab. Der Rest ist dann das

$$\frac{r \cdot \sin h}{\cos \eta_2} = \cos \alpha_2 \text{ [93]}$$

Azimut des Schattens in der zweiten Art von den ruḫāmāt, und seine Seite in dem, was vormittags liegt an Stunden,

[91]) $\dfrac{AB}{AZ} = \dfrac{ZH}{HE}$ $AB = p_3$

       $BC = q_3$

$\dfrac{p_3}{s} = \dfrac{s}{p_1}$ $FE = q_1$

       $EH = p_1$

$p_3 = \dfrac{s^2}{p_1}$ $AZ = ZH = s$

$\dfrac{CB}{FE} = \dfrac{ZB}{ZE} = \dfrac{ZA}{EH}$

$\dfrac{q_3}{q_1} = \dfrac{s}{p_1}$

$q_3 = \dfrac{q_1 \cdot s}{p_1}$

$\dfrac{FE}{CB} = \dfrac{AZ}{AB}$; $\dfrac{q_1}{q_3} = \dfrac{s}{p_3}$; $q_1 = \dfrac{q_3 \cdot s}{p_3}$

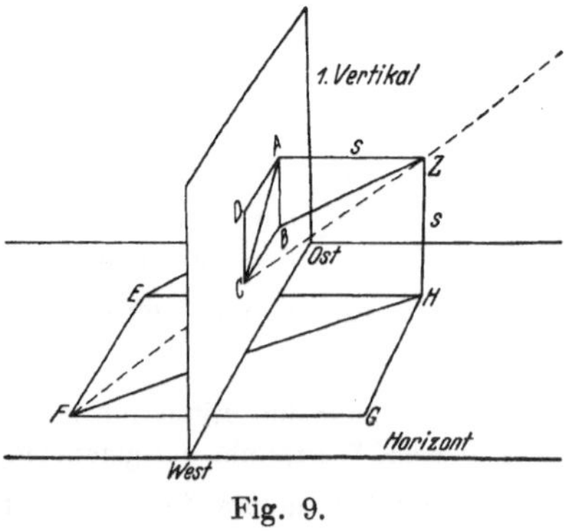

Fig. 9.

[92]) Die Benennungen „Länge" und „Breite" sind hier vertauscht.

(die) nach Westen[94]), und in dem, was nachmittags liegt, (die) nach
Osten[94]). Wenn du aber die Umkehrung hiervon haben willst, ich
meine, daß du aus dem, was du für die zweite Art von diesen ruḫāmāt
berechnet hast, den Schatten und dessen Azimut ausrechnest, die in
der ersten Art von ihnen gebraucht werden, so nimm den Bogen, mit
dem du den Schatten dieses (zweiten) ruḫāma ausgerechnet hast, der
41 in ihm die Höhe vertritt, und mache mit ihm (dem Bogen) das gleiche,
was du mit der Höhe gemacht hast, wo du sie aus der ersten Art in
die zweite Art überführen wolltest, nur daß du statt jenes Azimuts
dieses verwendest. Was dann herauskommt, ist die Höhe;
und mit ihr rechnest du den Schatten aus.∴ Darauf nimm
den Sinus des Bogens, welcher die Stelle der Höhe ein-
$$\frac{\cos \eta_2 \cdot \cos \alpha_2}{r} = \sin h \text{ [93])}$$
nimmt in diesem ruḫāma, und multipliziere ihn mit dem Sinus totus;
das Produkt teile dann durch den Cosinus der Höhe, die du eben für
die erste Art von den ruḫāmāt ausgerechnet hast. Von dem, was
herauskommt, nimm den Bogen und ziehe ihn von einem
Viertelkreis ab. Der Rest ist dann das Azimut des Schattens
$$\frac{r \cdot \sin \eta_2}{\cos h} = \cos a \text{ [93])}$$
in der ersten Art von den ruḫāmāt.

Die(selbe) Berechnung aus der ersten (Art) nach dem zweiten Herstellungsverfahren [95]).

Wenn du nun aus dem zweiten Herstellungsverfahren der ersten
42 Art von den besprochenen ruḫāmāt, nämlich demjenigen, bei dem du
keinen Kreis für das Azimut gebrauchst, das zweite Herstellungsverfahren der zweiten Art von den ruḫāmāt ableiten willst, so nimm
stets die Anzahl der Teile des Stabes — wenn es „Finger" sind,
zwölf, und wenn es Sechzigstel sind, sechzig — und dividiere sie durch
die Teile der Breite vom ersten ruḫāma für diesen Zeitpunkt.
Was da herauskommt, merke dir und multipliziere es mit den
$$\frac{s \cdot p_1}{q_1} = p_2 \text{ [96])}$$
Teilen der Länge. Das Produkt ergibt die Teile der Länge im

[93])

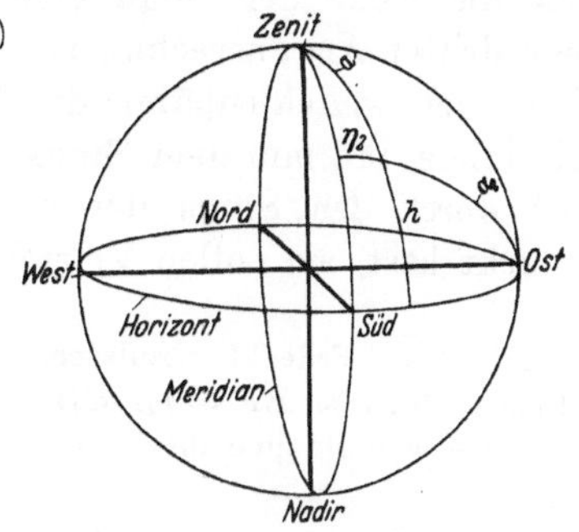

Fig. 10.

[94]) Wieder eine Verwechslung von „Ost" und „West".
[95]) Vergl. S. 53, Anm. 90.

$$\frac{s^2}{q_1} = q_2 \quad {}^{96)}$$

zweiten ruḫāma. Multipliziere nun das im Gedächtnis Bewahrte mit der Anzahl der Teile des Stabes; und was dann herauskommt, sind die Teile der Breite.·. Und wenn du auch die Umkehrung hiervon haben willst, so nimm die Teile der Länge des zweiten ruḫāma und die ihrer Breite und verfahre mit ihnen, wie du vorher mit den Teilen der Länge und Breite des ersten verfahren hast. Dann ergeben sich 43 dir durch Multiplikation des im Gedächtnis Bewahrten, welches du

$$\frac{s \cdot p_2}{q_2} = p_1$$

$$\frac{s^2}{q_2} = q_1$$

hier ausgerechnet hast, mit den Teilen der Länge vom zweiten ruḫāma die Teile der Länge vom ersten, und durch seine Multiplikation mit der Anzahl der Teile des Stabes kommen die Teile der Breite vom ersten heraus.·.

Über die Berechnung der dritten von den drei besprochenen Arten der ruḫāmāt aus dem Ergebnis, zu dem die Berechnung der zweiten Art von ihnen führte; und die Umkehrung hiervon.

Wenn du mittels des ersten von den beiden Verfahren zur Herstellung des besprochenen zweiten ruḫāma das Azimut des Schattens in ihm ausgerechnet hast und den Bogen, der an Stelle der Höhe zur Berechnung des Schattens in ihm für einen bestimmten Zeitpunkt dient, und willst nun hieraus das Azimut und den Bogen berechnen, der an Stelle der Höhe die Kenntnis des Schattens vermittelt, den man in der dritten Art der besprochenen ruḫāmāt braucht, so nimm den Bogen, 44 mit dem du den Schatten in diesem zweiten ruḫāma ausgerechnet hast, welcher die Stelle der Höhe in ihm einnimmt, und ziehe ihn (den Bogen) von einem Viertelkreis ab und nimm den Sinus des Restes. Diesen multipliziere mit dem Sinus (bzw. Cosinus) [97] des Azimuts in dem zweiten ruḫāma. Das Produkt dividiere dann durch den Sinus

$$\frac{\cos \eta_2 \cdot \sin \alpha_2 \;(\text{bzw. } \cos \alpha_2)}{r} = \sin \eta_3 \quad {}^{98)}$$

totus; und von dem, was herauskommt, nimm den Arcus und merke ihn dir; er ist nämlich der Bogen, welcher in dem dritten ruḫāma die Stelle der Höhe einnimmt und mit dem du den Schatten in dieser dritten Art ausrechnest.·. Darauf nimm den Sinus des Bogens, welcher im zweiten ruḫāma die Stelle der Höhe einnimmt, multipliziere ihn mit dem Sinus totus

$$\frac{r \cdot \sin \eta_2}{\cos \eta_3} = \sin \alpha_3 \quad {}^{98)}$$

und dividiere das Produkt durch den Sinus dessen, was dem Bogen, den du dir gemerkt hast, am vollen Viertelkreis 45

---

[96] Diese Proportionen sind auch aus Figur 9 auf Seite 54 abzulesen. Dabei ist die Windrose im Horizont um 90° zu drehen; demnach $EF = p_1$, $EH = q_1$ zu setzen; ferner $AB = q_2$ und $BC = p_2$, damit die Formeln und ihre Umkehrungen wieder gleich lauten.

[97] Am Rande des Manuskripts ist nachträglich تمام gleich „des Komplements" als Einfügung zwischen „Sinus" und „des Azimuts" vermerkt. Das Azimut im zweiten ruḫāma würde dann im Gegensatz zu Ms.-S. 21-2 vom Südpunkt des Horizonts zu zählen sein.

fehlt. Von dem, was herauskommt, nimm dann den Arcus; und der
ist das Azimut im dritten ruḫāma.·. Wenn du aber die Umkehrung
hiervon haben willst, ich meine, wenn du aus dem, was du schon
für die dritte Art von den ruḫāmāt berechnet hast, das Azimut in
der zweiten Art von ihnen sowie den Bogen ausrechnen willst, der an
Stelle der Höhe zur Berechnung des Schattens in ihnen (den ruḫāmāt
der zweiten Art) dient, so verfahre ebenso, wie wir mit diesen (ruḫāmāt der zweiten Art) verfahren haben, und nimm den Sinus (bzw.
Cosinus)[99] des Azimuts im dritten ruḫāma und multipliziere ihn mit
dem Cosinus des Bogens, der die Stelle der Höhe in ihm einnimmt.
Das Produkt dividiere durch den Sinus totus, und
von dem, was da herauskommt, nimm den Arcus: und
das ist der Bogen, welcher die Stelle der Höhe ein-

$$(\text{bzw. } \cos \alpha_3)\,^{99)}$$
$$\frac{\sin \alpha_3 \cdot \cos \eta_3}{r} = \sin \eta_2{}^{98)}$$

nimmt im zweiten ruḫāma und mit dem du den Schatten in ihm aus-
46 rechnest.·. Darauf nimm den Sinus des Bogens, welcher die Stelle der
Höhe im dritten ruḫāma einnimmt, und multipliziere ihn mit dem Sinus
totus. Das Produkt dividiere sodann durch den Cosinus des Bogens,
den du ausgerechnet hast und von dem wir gesagt haben, daß er die
Stelle der Höhe im zweiten ruḫāma einnimmt. Von dem, was
herauskommt, nimm den Arcus. Er ist der Bogen des Azimuts
im zweiten ruḫāma.·.

$$\frac{r \cdot \sin \eta_3}{\cos \eta_2} = \sin \alpha_2$$

Die(selbe) Berechnung aus der zweiten (Art der ruḫāmāt) nach dem zweiten Herstellungsverfahren [100].

Wenn du nun aus dem zweiten Herstellungsverfahren der zweiten
Art von den besprochenen ruḫāmāt das zweite Herstellungsverfahren
der dritten Art von ihnen ableiten willst, so nimm in jedem Falle die
Anzahl der Teile des Stabes — je nachdem zwölf oder sechzig — und
47 dividiere sie durch die Anzahl der Teile der Breite vom zweiten ruḫāma. Was herauskommt, merke dir und multipliziere es mit der
Anzahl der Teile des Stabes. Dann ergeben sich daraus die Teile

$$\frac{s^2}{q_2} = p_3{}^{101)}$$

---

[98]

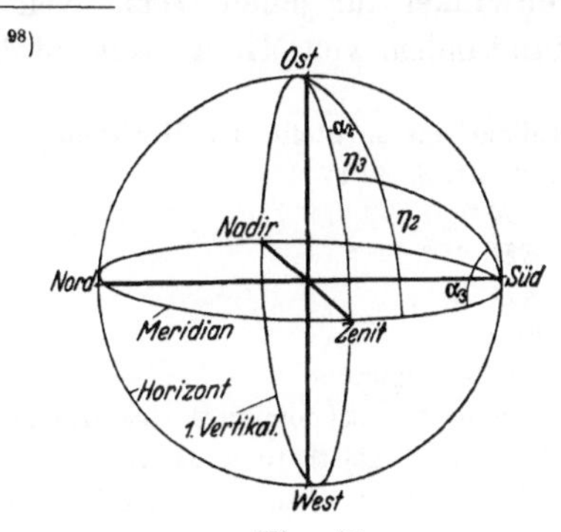

Fig. 11.

[99] Auch hier findet sich wie auf
Ms.-S. 44 der Zusatz تمام („des Komplements") am Rande mit einem Zeichen
für die Einfügung. Das Azimut im
dritten ruḫāma wäre dann vom Ost-,
bzw. Westpunkt aus zu rechnen. Vgl.
dazu Anmerkung 89 auf Seite 53.

[100] Vergl. Anm. 90 auf Seite 53.

$$\boxed{\frac{s \cdot p_2}{q_2} = q_3 \; {}^{101)}}$$

der Länge vom dritten ruḫāma. Darauf greif auf das zurück, was du dir gemerkt hast, und multipliziere es mit der Anzahl der Teile der Länge vom zweiten ruḫāma. Dann kommen da heraus die Teile der Breite vom dritten ruḫāma.·.

Wenn du dann die Umkehrung hiervon haben willst, so nimm die Teile der Länge vom dritten ruḫāma und dividiere durch sie die Anzahl der Teile des Stabes. Was herauskommt, merke dir und

$$\boxed{\frac{s \cdot q_3}{p_3} = p_2 \; {}^{101)}}$$

multipliziere es mit den Teilen der Breite vom dritten ruḫāma.

$$\boxed{\frac{s^2}{p_3} = q_2 \; {}^{101)}}$$

Das Ergebnis sind die Teile der Länge vom zweiten ruḫāma. Darauf greif auf das zurück, was du dir gemerkt hast, und multipliziere es mit den Teilen des Stabes. Das Ergebnis sind dann die Teile der Breite vom zweiten ruḫāma.·.   48

Über die übrigen vier Arten der ruḫāmāt.

Was die ersten, einfachen ruḫāmāt betrifft, so sind es diese drei, welche wir besprochen haben. Und es ist uns wohl auch möglich, daß wir in allen übrigen Ebenen, die etwa gegeben sind, — welche Ebenen es auch sein mögen — Stunden verzeichnen, wie wir es in diesen drei voraufgehenden Arten gemacht haben, und daß wir getrennte Berechnungsweisen für jede einzelne von ihnen besonders mitteilen. Das Verfahren besteht hierbei im ganzen genommen darin, daß wir den Kreis, dessen Ebene für die Herstellung der Stunden bestimmt ist, als den Horizont eines bestimmten Punktes von der Erdkugel ansehen, und das gründet sich darauf, daß er unbedingt ein Horizont für (irgendwelche) Leute sein muß. Dann weiß man schon von der Lage jener gegebenen Ebene her, wie groß die Höhe jenes Punktes, welcher das Zenit der Leute jenes Ortes darstellt, in deinem Orte ist und wie sein 49 Azimut an deinem Horizont [102]). Darauf rechnest du hieraus die Breite jenes Ortes aus und die Differenz zwischen seiner Länge und der Länge deines Ortes. Dann berechnest du hiermit, was zwischen jedem Zeitpunkt, den du haben willst, und der Mittagszeit in ihrem Orte an der Angel der Kugel liegt (den Stundenwinkel für jenen Ort), weil die Differenz zwischen deinen Äquinoktialstunden, von Mittag aus gezählt,

---

[101]) In Figur 9 denke man sich die Meridianebene an Stelle des Horizonts; es ist dann nach den Definitionen auf Ms.-S. 24 und Ms.-S. 30/1

$$p_2 = FE$$
$$q_2 = EH$$
$$p_3 = AB$$
$$q_3 = BC;$$

die obigen Proportionen ergeben sich dann aus der Figur.

[102]) Vergl. hiermit Sédillot, Traité des instruments astronomiques des Arabes par Aboul Hhassan Ali, de Maroc (Ğāmiʿ al-mabādiʾ wa ʾl-ġājāt), tome II, livre I, proposition 39, wo der gleiche Gedanke ausgesprochen und zur Grundlage der Berechnung inklinierender Uhren gemacht wird.

und ihren Stunden feststeht auf Grund der Berechnung der Differenz zwischen den Längen der beiden Orte. Wenn du dann die Breite jenes Ortes kennst und die Entfernung des Zeitpunktes von seiner Mittagszeit, rechnest du hiermit den Schatten bei ihnen aus, und zwar in der Ebene ihres Horizontes, und sein Azimut, wie du es für deinen Ort und deinen Horizont berechnest. Wir beschränken uns aber darauf, dies mit dem eben Gesagten zu beschreiben und anzudeuten und setzen nicht das besondere Herstellungsverfahren für jede einzelne 50 (Art) von ihnen (den Sonnenuhren) auseinander, weil wir der Ansicht sind, daß die Ausrechnung hiervon aus einer der drei voraufgehenden Arten leichter und näherliegend ist.·. Und so werden wir jetzt beschreiben, wie man die Berechnung jeder Art von diesen vier übriggebliebenen aus einer von den drei voraufgehenden Arten ableitet.·. Drei von diesen vier Arten, nämlich die vierte, die fünfte und die sechste, schneiden je eine von den drei besprochenen Ebenen rechtwinklig, nämlich entweder den Horizont oder den Meridian oder den Kreis, der sich von Osten nach Westen erstreckt und durch das Zenit geht, während sie gegen die beiden übrigen Kreise eine gegebene Neigung haben, weil die betreffende Ebene der Lage nach bekannt ist. 51 Ihre Berechnung wird aus der Berechnung jener abgeleitet, die sie rechtwinklig schneiden: die der vierten aus der dritten, die der fünften aus der zweiten, und die der sechsten aus der ersten, und das auf eine Weise, die ich beschreiben werde.·.

Über die Ableitung der Berechnung der vierten Art von den ruḫāmāt aus der dritten Art von ihnen.

Rechne das Azimut des Schattens aus im Ostwestkreise, der durch das Zenit geht, und den Bogen, durch den du den Schatten in ihm kennst, der die Stelle der Höhe einnimmt, wie du dieses bei der Berechnung der dritten Art von den ruḫāmāt ausgerechnet hast. Darauf nimm die Neigung jener gegebenen Ebene, in die dieses ruḫāma gelegt 52 wird, gegen den Meridian. Wenn dann beide in zwei verschiedenen Richtungen liegen, so addiere sie zum Azimut, welches du in dem Kreise herausbekommen hast, den wir erwähnt haben, der für die dritte Art gilt. Wenn aber beide in einer Richtung liegen, so nimm ihre Differenz. Was sich dann nach der Addition oder der Differenzbildung ergibt, davon nimm den Sinus und multipliziere ihn mit dem Cosinus des Bogens, der in der dritten Art die Stelle der Höhe einnimmt. Das Produkt dividiere durch den Sinus totus; und von dem, was herauskommt, nimm den Arcus und merke ihn dir. Das ist nämlich der Bogen, der in diesem vierten

$$\frac{\sin|\alpha_3 \mp \xi|\cdot\cos\eta_3}{r} = \sin\eta_4 \text{ [103]}$$

ruḫāma die Stelle der Höhe einnimmt und mit dem du den Schatten in ihm ausrechnest. Dieser liegt, wenn das Azimut und die Neigung eine

Richtung haben und das Azimut größer ist als die Neigung, auf der Seite, welche sich in der Richtung befindet, nach der es (das ruḫāma) geneigt ist; und wenn das nicht der Fall ist, dann auf der anderen Seite. Darauf nimm den Sinus des Bogens, der in der dritten Art die [53] Stelle der Höhe einnimmt, und multipliziere ihn mit dem Sinus totus. Das Produkt dividiere sodann durch den Cosinus des Bogens, den du dir gemerkt hast. Von dem, was da herauskommt, nimm den Arcus;

$$\frac{r \cdot \sin \eta_3}{\cos \eta_4} = \sin \alpha_4 \quad [103]$$

er ist der Azimutbogen des Schattens in dieser Ebene, die du haben willst, und seine Richtung ist ähnlich der Richtung des Azimuts in der dritten Art von den ruḫāmāt nach Norden oder Süden zu. Was nun die Stelle betrifft, von der aus der Azimutbogen des Schattens seinen Anfang nimmt am Kreise des Azimuts, so ist es die niedrigste Stelle in ihm, wenn du die Neigung der Ebene zum Azimut addiertest und die Summe kleiner als ein Viertelkreis war, oder wenn du vielmehr eins der beiden vom andern subtrahiertest. War dem aber nicht so, dann geht er von der höchsten Stelle im Kreis des Azimuts aus.

Über die Ableitung der Berechnung der fünften Art von den [54] ruḫāmāt aus der zweiten Art von ihnen.

Rechne das Azimut des Schattens und den Bogen aus, mit dem du den Schatten berechnest, beide (Azimut und Bogen) so, wie sie in der zweiten Art von den ruḫāmāt gebraucht werden. Wenn dann die Neigung jener gegebenen Ebene, in die dieses ruḫāma gelegt wird, und das Azimut in dem ruḫāma, welches zur zweiten Art gehört, in zwei verschiedenen Richtungen liegen, so addiere sie; liegen aber beide in einer Richtung, so bilde ihre Differenz und stelle den Überschuß von beiden fest. Mit dem Ergebnis aus der Addition oder der Differenzbildung verfahre dann ebenso, wie du es in dem vorigen Kapitel gemacht hast, indem du nämlich seinen Sinus nimmst und ihn mit dem Cosinus des Bogens multiplizierst, der in der zweiten Art von den [55]

---

[103]
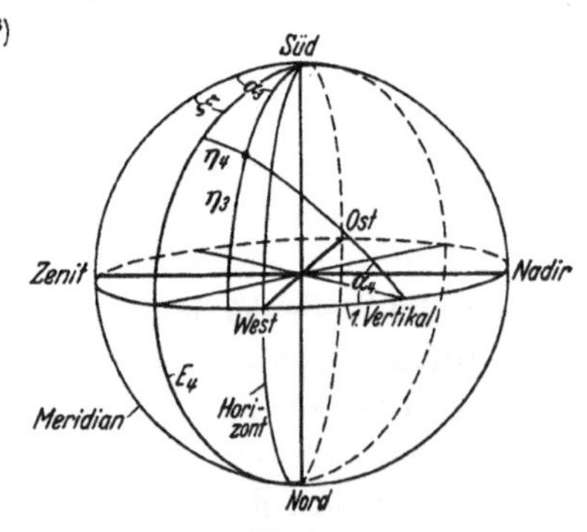

Fig. 12.

Neigungswinkel der Ebene gegen den Meridian $= \xi$.

ruḥāmāt die Stelle der Höhe einnimmt; das Produkt dividierst du durch den Sinus totus und nimmst von dem, was da herauskommt, den Arcus und merkst ihn dir. Das ist dann der Bogen, welcher in diesem fünften ruḥāma die Stelle der Höhe einnimmt und mit dem du den Schatten in

$$\frac{\sin\,\overline{\xi \mp \alpha_2}\cdot\cos\eta_2}{r} = \sin\eta_5 \;^{104)}$$

ihm ausrechnest. Dieser Schatten fällt auf diejenige von den beiden Seiten des ruḥāma, die nach derselben Richtung liegt, nach der das ruḥāma geneigt ist, wenn das Azimut die Neigung des ruḥāma übersteigt und beide in ein und derselben Richtung liegen; andernfalls fällt jener berechnete Schatten auf die Seite vom ruḥāma, welche der Richtung seiner Neigung entgegengesetzt ist.

Darauf nimm den Sinus des Bogens, welcher in der zweiten Art von den ruḥāmāt die Stelle der Höhe einnimmt, multipliziere ihn mit
56 dem Sinus totus und dividiere sodann das Produkt durch den Cosinus des Bogens, den du dir in diesem Abschnitt gemerkt hast. Von dem, was da herauskommt, nimm den Arcus. Das

$$\frac{r\cdot\sin\eta_2}{\cos\eta_5} = \sin\alpha_5 \;^{104)}$$

ist dann der Azimutbogen des Schattens in dieser Ebene, die du haben willst. Seine Richtung geht nach Osten oder nach Westen; in den Stunden, welche vor Mittag liegen, nach Osten [105]) und in denen, welche nach Mittag liegen, nach Westen [105]).·. Und was die Stelle betrifft, von der aus der Azimutbogen des Schattens am Kreise des Azimuts seinen Anfang nimmt, so ist es die höchste Stelle in ihm, wenn du zu Anfang die Neigung der gegebenen Ebene zum Azimut addiert hast und dabei die Summe aus den beiden größer als ein Viertelkreis war; verhält sich die Sache aber nicht so, dann (beginnt
57 er) an der niedrigsten Stelle in ihm.·.

Über die Ableitung der Berechnung der sechsten Art von den ruḥāmāt aus der ersten Art von ihnen.

Rechne das Azimut des Schattens im Kreise des Horizonts aus und den Bogen der Höhe, mit dem du den Schatten in ihm berechnest.

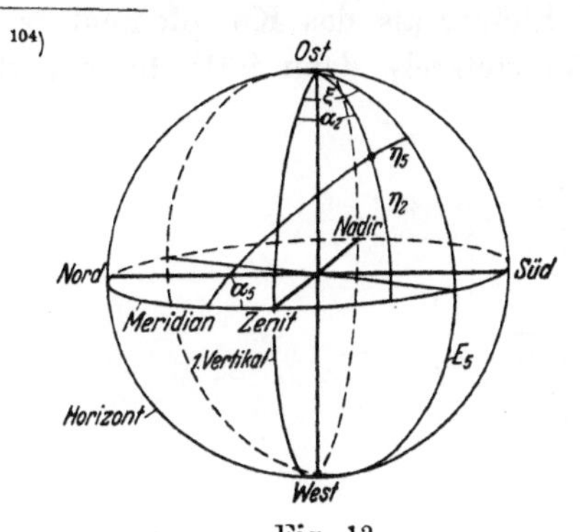

Fig. 13.

[104])

[105]) Für den Schatten wären die Himmelsrichtungen wieder falsch angegeben; vielleicht meint Ṯābit hier aber das Azimut der Sonne. Vgl. Ms.-Seite 17 und Ms.-Seite 40.

Dieses ruḫāma weicht vom Meridian zur Hälfte gegen Osten ab, zur
Hälfte gegen Westen, und zwar kann die gegen Osten abweichende
Hälfte die nördliche von beiden, sie kann aber auch die südliche sein.
Darum werde dir klar über diese ihre (der Osthälfte) Richtungen,
welche wir erwähnt haben, und ihre Abweichung vom Meridian. Wenn
nämlich die nach Osten abweichende Hälfte des ruḫāma die nördliche
ist und wenn ferner das Azimut von der Südrichtung aus genommen
wird, nach Westen liegt und kleiner ist als die Abweichung der Ebene
des ruḫāma von dem Meridian oder nach Osten liegt und kleiner ist
als das Komplement der Abweichung des ruḫāma vom Meridian, dann 58
fällt der Schatten auf die östliche Seite der nördlichen Hälfte des ruḫāma [106].∵ Wenn aber das von der Südrichtung aus genommene Azimut
in der Ostrichtung liegt und größer ist als das Komplement der Abweichung des ruḫāma und kleiner als das Komplement der Abweichung
des ruḫāma, vermehrt um einen Viertelkreis, dann fällt der Schatten
auf die östliche Seite der südlichen Hälfte des ruḫāma [106].∵ Und wenn
das von der Südrichtung aus genommene Azimut in der Ostrichtung
liegt und größer ist als das Komplement der Abweichung des ruḫāma,
vermehrt um einen Viertelkreis, dann fällt der Schatten auf die westliche Seite der südlichen Hälfte des ruḫāma [106].∵ Und falls das Azimut,
wenn es von Süden genommen wird, in der Westrichtung liegt und 59
größer ist als die Abweichung des ruḫāma, dann fällt der Schatten
auf die westliche Seite der nördlichen Hälfte des ruḫāma [106].∵ Wenn
nun aber die nach Osten abweichende Hälfte von den beiden Hälften
des ruḫāma die südliche ist, dann verhält sich die Sache in allem
diesem umgekehrt, wie wir beschrieben haben. Denn, wenn das von
Süden aus genommene Azimut im Osten liegt und kleiner ist als die
Abweichung des ruḫāma oder nach Westen liegt und kleiner ist als
das Komplement der Abweichung des ruḫāma, dann fällt der Schatten
auf die westliche Seite der nördlichen Hälfte [106].∵ Und wenn jenes
Azimut in der Westrichtung liegt und größer ist als das Komplement
der Abweichung des ruḫāma und kleiner als das Komplement seiner
Abweichung, vermehrt um einen Viertelkreis, dann fällt der Schatten

[106]

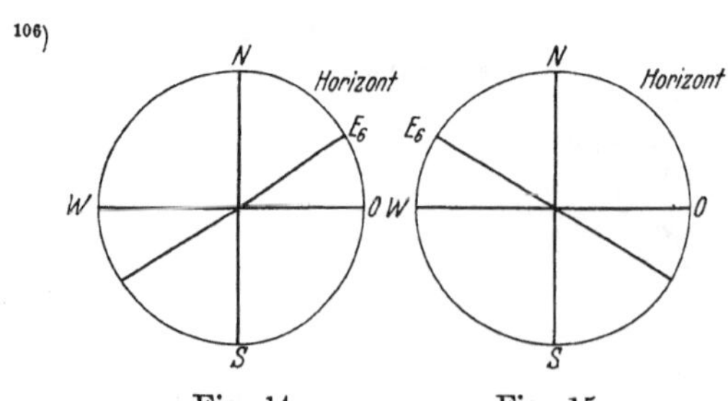

Fig. 14.   Fig. 15.

60 auf die westliche Seite der südlichen Hälfte des ruḫāma.·. Und wenn jenes Azimut in der Westrichtung liegt und größer ist als das Komplement der Abweichung des ruḫāma, vermehrt um einen Viertelkreis, dann fällt der Schatten auf die östliche Seite der südlichen Hälfte vom ruḫāma [106].·. Und wenn jenes Azimut in der Ostrichtung liegt und größer ist als die Abweichung des ruḫāma, dann fällt der Schatten auf die östliche Seite der nördlichen Hälfte des ruḫāma.·. Wenn du dies erkannt hast, so nimm das Azimut von der Südrichtung oder der Nordrichtung aus, je nachdem, welche von beiden der Stelle des Azimuts näher liegt; und wenn dann dieses und die benachbarte ruḫāma-Hälfte in verschiedenen Richtungen vom Meridian aus liegen, so addiere sie; wenn sie aber in einer Richtung liegen, so nimm die Differenz zwischen

61 den beiden. Und was sich dann ergibt nach der Addition oder der Differenzbildung, davon nimm den Sinus und multipliziere ihn mit dem Cosinus der Höhe. Das Produkt dividiere sodann durch den Sinus totus, und von dem, was da herauskommt, nimm den Arcus und merke ihn dir; das ist nämlich der Bogen, welcher die Stelle der Höhe einnimmt und mit dem du den Schatten in diesem sechsten ruḫāma ausrechnest.·. Darauf nimm

$$\frac{\sin|a \pm \xi| \cdot \cos h}{r} = \sin \eta_6 \text{[107]}$$

den Sinus der Höhe, multipliziere ihn mit dem Sinus totus und dividiere sodann das Produkt durch den Cosinus des Bogens, den du dir gemerkt hast. Von dem, was da herauskommt, nimm den Arcus und ziehe ihn von einem Viertelkreis ab. Der Rest ist dann das Azimut des Schattens von der tiefsten Stelle aus im Azimutkreise des Schattens. Seine Richtung kennt man aus dem, was vorhergeht.·.

$$\frac{r \cdot \sin h}{\cos \eta_6} = \cos a_6 \text{[107]}$$

Über die Ableitung der Berechnung der siebenten Art von den ruḫāmāt aus der sechsten Art von ihnen.

62   Wenn die Ebene des ruḫāma der Lage nach bekannt ist und keine der ersten drei Ebenen ist, die wir besprochen haben, und auch keine der drei Ebenen, welche nach ihnen kamen, von denen jede einzelne

---

[107]

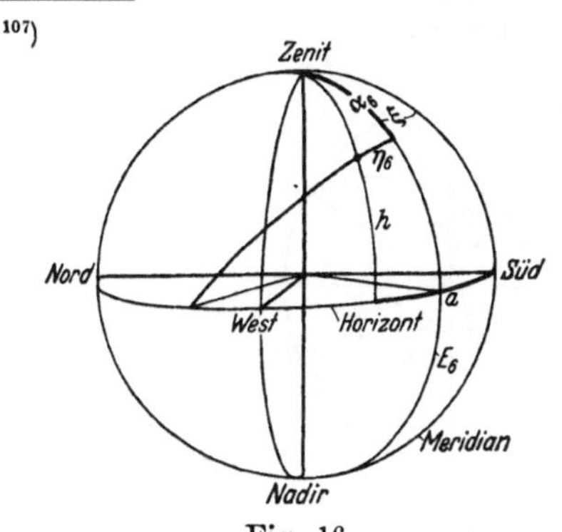

Fig. 16.

senkrecht auf einer von jenen steht, wenn dann also ihre Lage bekannt ist, so ist die Neigung ihres Kreises gegen den Kreis des Horizonts an der höchsten Stelle in ihm bekannt, und ebenso ist das Azimut jener höchsten Stelle im Horizont bekannt. Wenn du dann ihre Neigung gegen den Horizont von einem Viertelkreis abziehst, so bleibt ihre Entfernung vom Zenit als bekannt übrig.·. Dann rechne das Azimut des Schattens in dem Höhenkreis aus, der vom Meridian gleich dem Azimut der höchsten Stelle von der gegebenen Ebene und auch nach dessen Richtung hin abweicht aus der Richtung der jener höchsten Stelle näher gelegenen der beiden Hälften des Meridians. Dieser Höhenkreis ist derjenige, der den Horizont und die gegebene 63 Ebene rechtwinklig schneidet. Und du rechnest dieses (Azimut) nach dem Verfahren aus, welches wir bei der Berechnung der sechsten Art von den ruḫāmāt für dasselbe beschrieben haben. Darauf addiere zum Azimut des Schattens in jenem Höhenkreis die Entfernung der höchsten Stelle im Kreise der gegebenen Ebene vom Zenit, wenn beide hintereinander liegen, und wenn nicht, so nimm die Differenz zwischen ihnen. Was sich nach der Addition oder der Differenzbildung ergibt,

$$\frac{\sin|\alpha_6 \mp \zeta| \cdot \cos \eta_6}{r} = \sin \eta_7 \,^{108)}$$

davon nimm den Sinus und multipliziere ihn mit dem Cosinus des Bogens, der die Stelle der Höhe einnimmt in dem Höhenkreis, von dem wir gesprochen

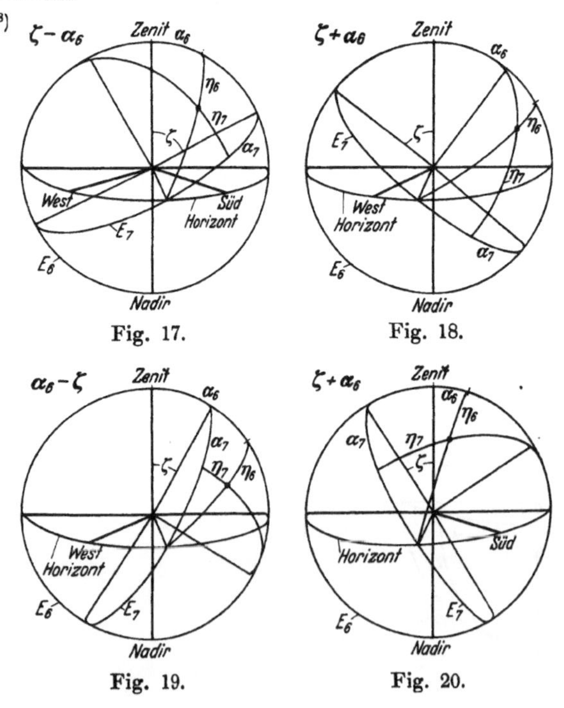

Fig. 17.   Fig. 18.

Fig. 19.   Fig. 20.

ζ ist die Zenitdistanz der „höchsten Stelle" von E_7 über dem Horizont.

108)

haben. Das Produkt dividiere durch den Sinus totus, und von dem, was da herauskommt, nimm dann den Arcus und merke ihn dir; das ist nämlich der Bogen, der die Stelle der Höhe einnimmt in der
64 Ebene, auf die es dir ankommt.·. Darauf nimm den Sinus des Bogens, welcher die Stelle der Höhe einnimmt in jenem Höhenkreis, von dem wir gesprochen haben, und multipliziere ihn mit dem Sinus totus. Das Produkt dividiere sodann durch den Cosinus des Bogens, den du dir gemerkt hast. Von dem, was da herauskommt, nimm den Arcus: das ist der Bogen des Azimuts in der Ebene, auf die es dir an-

$$\frac{r \cdot \sin \eta_6}{\cos \eta_7} = \sin \alpha_7 \quad \text{[108]}$$

kommt; und zwar beginnt dieser Azimutbogen an der tiefsten Stelle im Azimutkreise des Schattens von ihr, wenn du die Neigung der Ebene zum Azimut addiert hast und das Resultat kleiner als ein Viertelkreis war, oder du vielmehr die Differenz beider genommen hast: andernfalls an der höchsten Stelle in ihm.·. Was aber die Richtung des Schattens und der Höhe betrifft, so gilt von ihnen,
65 daß, wenn der Schatten an der Ebene des achten[109] ruḫāma, von dem wir hier gesprochen haben, auf dessen östliche Seite fällt, er an diesem ruḫāma auf dessen westliche Hälfte[110] fällt und nach Westen auch die Richtung des Azimuts liegt: und wenn er an jenem auf dessen westliche Seite fällt, er an diesem auf dessen östliche Hälfte[110] fällt und nach der Ostrichtung auch die Richtung des Azimuts liegt[110]). Wenn du ferner bei der Berechnung dieses ruḫāma das Azimut zur Zenitdistanz der höchsten Stelle im Kreise des ruḫāma addiert oder es von ihr subtrahiert hast, ist die Seite, auf welche der Schatten am ruḫāma fällt, dessen obere Seite, und wenn dem nicht so ist[111], seine untere Seite.·.

Über die zahlenmäßige Ausrechnung der Länge des Maßstabes, welcher nicht lotrecht auf dem ruḫāma steht, und die Stelle, an der er eingelassen wird.

66 Man muß wissen, daß das Herstellungsverfahren bei der Gesamtheit der Arten, welche vorangehen, voraussetzt, daß der Stab auf der Ebene des ruḫāma senkrecht steht. Wenn also das ruḫāma in der Ebene des Horizonts liegt oder in einer der auf ihm senkrecht stehenden Ebenen in der Weise, wie das die erste, die zweite, die dritte und die sechste Art von den ruḫāmāt tun, so braucht man hierbei nichts weiter als das, was wir erwähnt haben. Wenn aber das ruḫāma auf der Ebene des Horizontes nicht senkrecht steht, wie es bei der vierten,

---

[109] Gemeint ist das hier verwendete Hilfsruḫāma von der sechsten Art.

[110] Unter der Voraussetzung, daß die „östliche" und „westliche" Hälfte getrennt werden durch die Verbindungslinie des „höchsten" und „tiefsten" Punktes über und unter dem Horizont.

[111] D. h., wenn man die Zenitdistanz vom Azimut subtrahieren mußte. Siehe die Figuren der vorigen Seite.

fünften und siebenten Art von den ruḫāmāt der Fall ist, und wenn
es ferner erforderlich ist, daß man auf der Oberseite des ruḫāma an
der höchsten von den Stellen, in denen die Stunden an ihm verzeichnet
werden, einen Stab einsetzt und daß dieser Stab bei der Aufstellung 67
des ruḫāma parallel zum Horizont liegt, dann braucht man die Kenntnis
des Betrages der Länge dieses Stabes und die Stelle, an der er einzu-
lassen ist am ruḫāma. Das Herstellungsverfahren setzt hierbei voraus,
daß die ruḫāma-Seite, die man gebraucht, die obere ist, und besteht
darin, daß man die Teile der Länge des ersten Stabes nimmt, der auf
dem ruḫāma senkrecht steht — und zwar sind das 12 oder 60 — und
sie mit dem Sinus totus multipliziert, das Resultat sodann durch den
Cosinus des Bogens dividiert, der die Neigung jener gegebenen
Ebene, in die das ruḫāma gelegt wird, gegen das Zenit ausmacht.
Das Resultat davon ist dann die zahlenmäßige Länge des ge-
wünschten Stabes, der parallel zum Horizont liegt.·. Darauf nimm den
Sinus des Bogens, der die Neigung der Ebene des ruḫāma gegen das
Zenit darstellt, und multipliziere ihn mit der Anzahl der Teile des ersten
Stabes, von denen wir gesprochen haben; das Produkt dividiere sodann
durch den Cosinus des Bogens, der die Neigung des ruḫāma gegen das 68
Zenit ist; und das Resultat davon ist dann die Entfernung des
Fußpunktes des zum Horizonte parallelen Stabes vom Fußpunkte
des ersten Stabes in den Teilen, von denen der erste Stab 12
oder 60 beträgt — denselben Teilen, in denen sich uns (auch) der Be-
trag des zweiten Stabes ergeben hat; und sie (die erwähnte Entfernung) erstreckt sich von ihm (dem Fußpunkt des ersten Stabes) aus
nach oben zu auf der Geraden, die durch den höchsten und tiefsten
Punkt in dem Azimutkreise geht, der in dem ruḫāma eingezeichnet
wird. Man muß das ruḫāma zunächst in der Weise verzeichnen, als
ob sein Stab der erste Stab wäre, wenn er auch nicht in ihm eingesetzt wird. Darauf richtet man für es den zweiten Stab her und setzt
den in ihm ein.

$$\frac{s \cdot r}{\cos \zeta} = s'\,[112)}$$

$$\frac{s \cdot \sin \zeta}{\cos \zeta} = x\,[112)}$$

Die zweite Weise von den Herstellungsverfahren der vierten, fünften, sechsten und siebenten Art von den ruḫāmāt.

Es ist dir auch möglich, diese vier Arten von den ruḫāmāt herzu- 69
stellen analog dem zweiten Verfahren zur Herstellung der ruḫāmāt,

---

[112)]

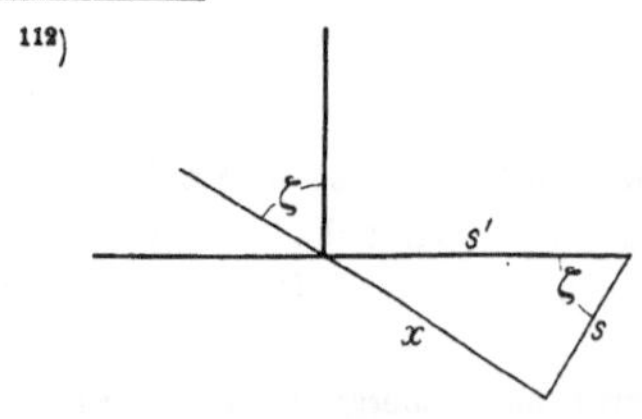

Fig. 21.

welche vor ihnen stehen, dadurch nämlich, daß du die Längen- und
Breitenteile ausrechnest für die Stelle, auf die das Schattenende des
Stabes fällt zu jedem einzelnen von den Zeitpunkten, die du haben
willst. Die Herstellungsweise besteht hierbei darin, daß du nach Ausrechnung des Schattens und des Azimuts in ihnen die Teile der Länge
an ihnen berechnest wie auch die Teile der Breite, geradeso, wie du
bei den drei ersten ruḫāmāt gerechnet hast, und ohne an dem Verfahren etwas zu ändern außer der Verwendung des Azimuts und des
Schattens, der zu diesen gehört, an Stelle des Azimuts und des Schattens
in jenen. Und zwar nimmst du den Schatten und dividierst ihn durch
den Sinus totus; dann multipliziere das Resultat mit dem Sinus
des Azimuts und mit dem Cosinus desselben. Aus einem von den
70 beiden kommen dann die Teile der Länge, und aus dem anderen
die Teile der Breite heraus, nur daß die Ausrechnung hiervon auf
die Art, wie wir sie beschrieben haben, etwas weitläufig ist; und zwar
deswegen, weil ihr die rechnerischen Operationen, die wir für diese
drei Arten von den ruḫāmāt besprochen haben, vorangehen müssen.
Wenn wir aber die Teile der Länge und die Teile der Breite in diesen
ruḫāmāt aus den Teilen der Länge und der Breite in jenen ausrechnen
wollen, ist es leichter, und das Verfahren hierbei von der Art, wie ich
beschreiben werde.·.

$$\frac{l}{r} \cdot \sin \alpha = p$$
$$\frac{l}{r} \cdot \cos \alpha = q$$

Über die Berechnung des zweiten Verfahrens zur Herstellung der vierten Art von den ruḫāmāt.

Die Stunden werden in diesem ruḫāma eingezeichnet von dem Fußpunkte seines Stabes in ihm bis zu der Stelle, an der dessen Lot[113])
71 auf es trifft, und das ist seine tiefste Stelle, in dem Falle, daß sein
Stab zum Horizonte parallel liegt[114]). Was zwischen diesen beiden
Stellen an Entfernung von oben bis unten liegt, nennen wir die Länge
des ruḫāma und zeichnen darin sechs Stunden ein. Wenn du aber das
Maß dieser Länge in den Teilen seines[115]) geneigten Stabes wissen
willst, so nimm die Entfernung, um die die höchste Stelle des ruḫāma
vom Zenit abweicht, und nimm die Anzahl der Teile dieses Stabes —
und das sind stets 12 oder 60 — multipliziere sie sodann mit dem
Sinus totus — und zwar ergibt sich daraus immer ein Ausdruck einer
Einheit[116]) — und dividiere dies dann durch den Sinus der Neigung
der höchsten Stelle vom ruḫāma gegen das Zenit. Das Resultat ist
dann seine gesamte Länge.·. Wenn du aber die Teile der Länge

$$e = \frac{r \cdot s'}{\sin \zeta} \text{[117])}$$

---

113) Zu ﺣﺼﺮة siehe J. Ruska, Zur ältesten arabischen Algebra und Rechenkunst (Sitzungsber. d. Heid. Ak. d. Wiss., Philos.-hist. Kl., Jg. 1917, 2. Abh.) S. 108/9.

114) Weil das ruḫāma dann nur für sechs Stunden verzeichnet wird.

115) „seines" bezieht sich auf das ruḫāma.

116) Die Einheit der Sinusstrecken wählt Tābit gleich der Einheit des Stabes.

5*

und die Teile der Breite an ihm haben willst zu den verschiedenen Zeitpunkten, so rechne die Teile der Länge und Breite für diesen Zeitpunkt aus im ersten ruḫāma, dessen Ebene die Ebene des Ho- 72 rizonts ist, und nimm den Sinus der Neigung des ruḫāma, welches du wünschest, und den Cosinus seiner Neigung und multipliziere den Sinus seiner Neigung mit den Teilen der Länge des Stabes; das Produkt dividiere darauf durch den Cosinus seiner Neigung; und was da herauskommt, addiere zu den Teilen der Länge vom ersten ruḫāma. Durch das Ergebnis dividiere sodann die Teile der Länge des Stabes, und was da herauskommt, merke dir. Darauf nimm den Sinus totus, multipliziere ihn mit den Teilen der Länge des Stabes und das Produkt — und zwar ist das stets ein Ausdruck einer Einheit [118]) — dividiere sodann durch den Cosinus der Neigung des ruḫāma. Was da herauskommt, multipliziere mit dem, was du dir gemerkt hast. Das Produkt

$$\frac{r \cdot s}{\cos \zeta} \cdot \frac{s_4}{p + s \dfrac{\sin \zeta}{\cos \zeta}} = p_4 \text{ [119])}$$

sind dann die Teile der Länge in jenem ruḫāma zu jenem Zeitpunkte, vom Fußpunkte des horizontalen Stabes dieses ruḫāma bis zu der Stelle, die dem Ende des Schattens zu jenem Zeitpunkte gegenüberliegt, von oben nach unten zu.'. 73 Darauf nimm die Teile der Breite vom ersten ruḫāma und multipli-

---

[117])

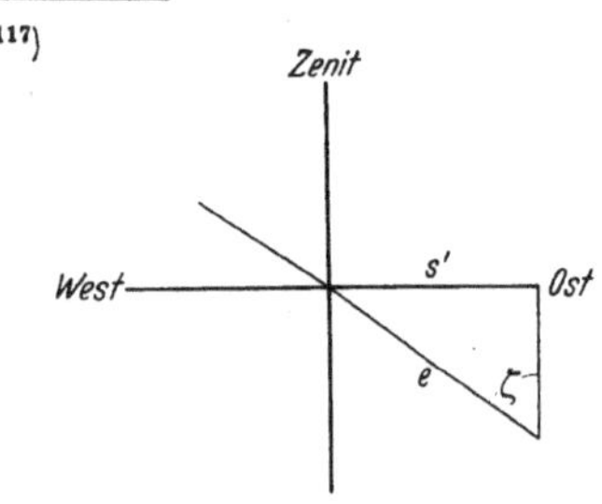

Fig. 22.

[118]) Die Einheit der Sinus- und Cosinusstrecken nimmt Ṯābit gleich der Einheit des Stabes vom horizontalen ruḫāma.

Die Einheiten der Stäbe sind zunächst verschieden, wenn ihre Maßzahlen gleichgesetzt werden. Doch kann Ṯābit für seine Berechnung die Einheiten der beiden Stäbe ebenfalls gleichsetzen, da aus dem ersten ruḫāma nur Verhältniszahlen zur Verwendung kommen und die Längen- und Breitenteile des vierten ruḫāma sich in den Maßeinheiten ihres zugehörigen Stabes ergeben.

[119])

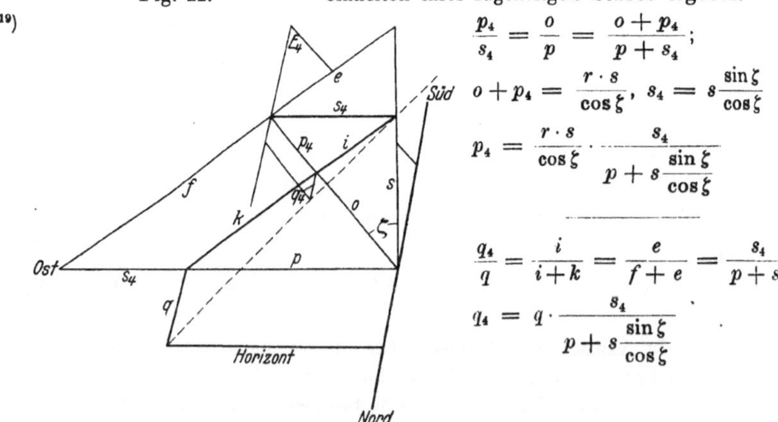

$$\frac{p_4}{s_4} = \frac{o}{p} = \frac{o + p_4}{p + s_4};$$

$$o + p_4 = \frac{r \cdot s}{\cos \zeta}, \quad s_4 = s \frac{\sin \zeta}{\cos \zeta}$$

$$p_4 = \frac{r \cdot s}{\cos \zeta} \cdot \frac{s_4}{p + s \dfrac{\sin \zeta}{\cos \zeta}}$$

$$\frac{q_4}{q} = \frac{i}{i+k} = \frac{e}{f+e} = \frac{s_4}{p+s_4}$$

$$q_4 = q \cdot \frac{s_4}{p + s \dfrac{\sin \zeta}{\cos \zeta}}$$

Fig. 23.

ziere sie mit dem, was du dir gemerkt hast. Das Produkt sind die
Teile der Breite in jenem ruḫāma vom Fußpunkt seines Stabes bis zu
der Stelle, die dem Schattenende gegenüberliegt. Und die Richtung
der Strecke ist die Richtung, welche die Teile der Breite
im ersten ruḫāma hatten; wenn sie nach Norden liegen,
nordwärts, und wenn sie nach Süden liegen, südwärts.∵.

$$q \cdot \frac{s_4}{p + s\,\dfrac{\sin \zeta}{\cos \zeta}} = q_4 \quad [119]$$

Über die Berechnung des zweiten Verfahrens zur Herstellung der fünften Art der ruḫāmāt.

Rechne die Teile der Länge und die Teile der Breite aus in der
ersten Art von den ruḫāmāt für den Zeitpunkt, den du wünschest,
und nimm den Sinus der Neigung des ruḫāma, das du haben willst,
74 und den Cosinus seiner Neigung und multipliziere den Sinus seiner
Neigung mit den Teilen der Länge des Stabes. Das Produkt dividiere
durch den Cosinus seiner Neigung: und was da herauskommt, das addiere zu den Breitenteilen des ersten ruḫāma. Durch das Ergebnis
dividiere darauf die Teile der Länge des Stabes. Und was da herauskommt, das merke dir. Darauf nimm den Sinus totus und multipliziere
ihn mit den Teilen der Länge des Stabes. Das Produkt — und zwar
ist es stets ein Ausdruck einer Einheit [120] — dividiere durch den Cosinus der Neigung des ruḫāma. Was da herauskommt,
multipliziere mit dem, was du dir gemerkt hast. Das
Produkt (davon) sind dann die Teile der Breite für

$$\frac{r \cdot s}{\cos \zeta} \cdot \frac{s_5}{q + \dfrac{s \cdot \sin \zeta}{\cos \zeta}} = q_5 \quad [121]$$

jenes ruḫāma, das du haben willst, zu jenem Zeitpunkt, vom Fußpunkt
seines horizontalen Stabes bis zu der Stelle, die dem Ende des Schattens zu jenem Zeitpunkt gegenüberliegt. Darauf nimm die Teile der
Länge vom ersten ruḫāma und multipliziere sie mit dem, was du dir
gemerkt hast. Das Produkt sind die Teile der Länge in
jenem ruḫāma, das du haben willst, vom Fußpunkt seines
horizontalen Stabes bis zu der Stelle, die dem Schattenende gegenüberliegt. Und die Richtung der Strecke ist westwärts in

$$p \cdot \frac{s_5}{q + \dfrac{s \cdot \sin \zeta}{\cos \zeta}} = p_5 \quad [121]$$

75 den Vormittags- und ostwärts in den Nachmittagsstunden.∵.

Über die Berechnung des zweiten Verfahrens zur Herstellung der sechsten Art von den ruḫāmāt.

Rechne das Azimut und den Schatten in der ersten Art von den
ruḫāmāt aus. Dann addiere zum Azimut die Größe der Abweichung

---

[120] Siehe Seite 68, Anm. 118.

[121] Die Formeln sind die gleichen wie im vorigen Abschnitt. In der dortigen Figur
denke man sich den Horizont in sich selbst um 90° gedreht. „Länge“ und „Breite“
(„p“ und „q“) vertauschen dann ihre Lage. An Stelle von „p_4“ ist ferner „q_5“, für
„q_4“ „p_5“ und für „s_4“ „s_5“ zu setzen.

Die Bezeichnung von „Länge“ und „Breite“ im Horizont stimmt in diesen beiden
Abschnitten im Gegensatz zu Ms.-S. 37 wieder mit Ms.-S. 17 überein.

des ruḫāma, das du haben willst, vom Meridian, vorausgesetzt, daß das
Azimut und die Abweichung, wenn man sie aus ein und derselben von
den beiden Richtungen des Nordens oder Südens nimmt, jedes nach
einer entgegengesetzten Richtung, also das eine nach Osten und das
andre nach Westen liegen. Liegen sie aber in ein und derselben Richtung, so subtrahiere die eine von den beiden (Größen) von der anderen.
Wenn dann das Ergebnis nach der Addition oder der Subtraktion
größer als ein Viertelkreis ist, so ziehe es von einem Viertelkreis ab 76
und nimm den Sinus des Restes [122]); ist es aber nicht größer als ein
Viertelkreis, so nimm seinen Sinus. Welchen der beiden Sinus du nun
auch nimmst, multipliziere ihn mit dem Schatten im ersten ruḫāma zu
jenem Zeitpunkt. Dann dividiere das Produkt durch den Sinus totus;
und durch das, was da herauskommt, dividiere die Teile der Länge
des Stabes. Das Ergebnis merke dir und multipliziere es mit den
Teilen der Länge des Stabes. Das Produkt sind dann
die Teile der Breite in dem ruḫāma, das du haben willst,
zu jenem Zeitpunkt, vom Fußpunkt des zum Horizonte
parallelen Stabes im oberen Teil des ruḫāma bis zu der Stelle, die
dem Schattenende zu jenem Zeitpunkt gegenüberliegt, von oben nach
unten.·. Darauf wende dich zurück zu dem Ergebnis aus der Addition
des Azimuts und der Abweichung des ruḫāma vom Meridian oder aus
der Bildung der Differenz zwischen beiden, nachdem du davon (von
dem Ergebnis) einen Viertelkreis abgezogen [124]) hast, wenn es größer
als ein Viertelkreis war; nimm den Cosinus davon, multipliziere ihn 77

$$\boxed{\dfrac{s}{\dfrac{\sin\,|a \mp \psi|\cdot l}{r}}\cdot s = q_6}\;{}^{123})$$

---

[122]) Denkt man sich in der nachfolgenden Figur dieses Abschnitts (24) die Windrose
im Horizont um 90° gedreht, so liegt dieser Fall vor.

Es ist natürlich nur der Überschuß des stumpfen Winkels über 90° vom „Viertelkreis“ abzuziehen.

[123])

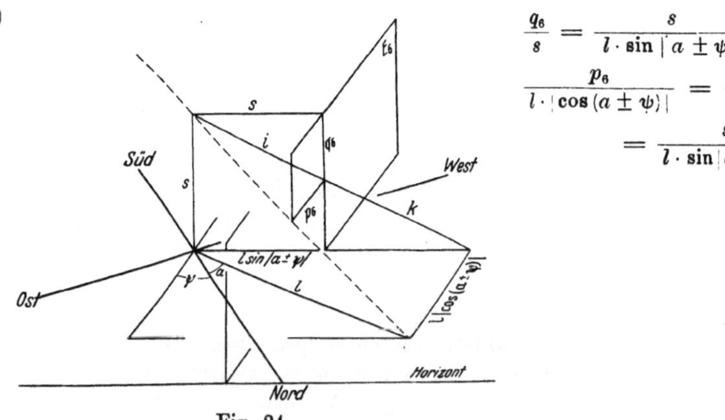

$$\frac{q_6}{s} = \frac{s}{l\cdot\sin\,|a \pm \psi|}\,;$$

$$\frac{p_6}{l\cdot|\cos(a \pm \psi)|} = \frac{i}{i + k}$$

$$= \frac{s}{l\cdot\sin\,|a \pm \psi|}$$

Fig. 24.

[124]) Diese Angabe stimmt mit der weiter oben auf Ms.-S. 75/6 stehenden nicht
überein. Die obige ist richtig, diese falsch.

mit dem Schatten und dividiere das Produkt durch den Sinus totus. Was da herauskommt, multipliziere mit dem, was du dir gemerkt hast.

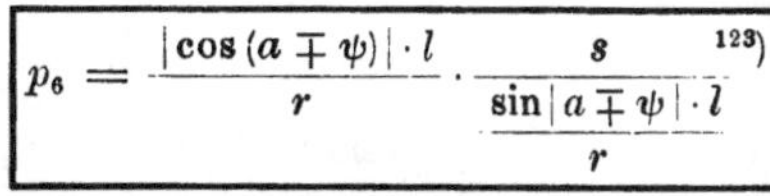

$$p_6 = \frac{|\cos(a \mp \psi)| \cdot l}{r} \cdot \frac{s}{\dfrac{\sin|a \mp \psi| \cdot l}{r}} \qquad {}^{123)}$$

Das Produkt sind die Teile der Länge in dem ruḫāma, das du haben willst; und die Richtung der Strecke ist, wenn die Abweichung des ruḫāma und das Azimut in zwei verschiedenen Richtungen liegen und das Ergebnis ihrer Summe kleiner als ein Viertelkreis ist, entgegengesetzt der Richtung, aus der das Azimut seinen Anfang nimmt, sei es von Süden oder Norden [125]), und wenn das nicht der Fall ist, in der Richtung, aus der das Azimut seinen Anfang nimmt.·.

Über die Berechnung des zweiten Verfahrens zur Herstellung der siebenten Art von den ruḫāmāt.

Nimm die Neigung jener gegebenen Ebene, in der du das ruḫāma verzeichnen willst, gegen das Zenit und das Azimut der niedrigsten 78 Stelle in ihrem Kreise — und zwar liegt diese der Stelle gegenüber, an der man den zum Horizonte parallelen Stab einsetzt — von der Süd- oder Nordrichtung aus, von der gleichen Richtung aus, aus der du den Bogen des Azimuts genommen hast. Darauf nimm die Differenz zwischen den beiden und nimm den Sinus und den Cosinus davon. Dann multipliziere den Sinus davon mit dem Schatten aus dem ersten ruḫāma und dividiere das Produkt durch den Sinus totus. Was da herauskommt, merke dir und nenne es Ergebnis I [126]). Und ebenso multipliziere den Cosinus jener Differenz mit dem Schatten und dividiere das Produkt durch den Sinus totus. Was da dann herauskommt, merke dir (auch) und nenne es Ergebnis II [126]). Darauf nimm den Sinus der Neigung jenes ruḫāma, das du haben willst, gegen das Zenit und multipliziere ihn mit den Teilen der Länge des Stabes und dividiere das Produkt durch den Cosinus der Neigung jenes ruḫāma gegen das Zenit. Was da herauskommt, addiere zu Ergebnis II und dividiere durch die Summe davon die Teile der Länge des Stabes. Was da herauskommt, merke dir, nenne 79 es Ergebnis III und multipliziere es mit Ergebnis I. Was da herauskommt, sind dann die Teile der Länge in dem ruḫāma, das du haben

$$\text{I.} \quad \frac{l \cdot \sin|a - \psi'|}{r}$$

$$\text{II.} \quad \frac{l \cdot |\cos(a - \psi')|}{r}$$

$$\text{III.} \quad \frac{s}{\dfrac{l \cdot \cos(a - \psi')|}{r}} + s \cdot \frac{\sin \zeta}{\cos \zeta}$$

---

[125]) Man kann in diesem Abschnitt nicht im bisherigen Sinne von „gleicher“ oder „entgegengesetzter“ Richtung sprechen, da das ruḫāma im Horizont gedreht und nicht mehr nach den Kardinalrichtungen orientiert ist. Ṯābit meint offenbar, daß die Richtung der errechneten Strecken tangential der Drehrichtung des Azimutwinkels gleich- oder entgegenläuft.

[126]) Wörtlich: „das erste im Gedächtnis Bewahrte“, bzw. „das zweite im Gedächtnis Bewahrte“ usw. (... المحفوظ الاول، الثانى).

$$\frac{\dfrac{l \cdot \sin|a - \psi'|}{r} \cdot s_7}{\dfrac{l \cdot |\cos(a - \psi')|}{r} + s \cdot \dfrac{\sin\zeta}{\cos\zeta}} = p_7$$

$$\frac{r \cdot s}{\cos\zeta} \cdot \frac{s_7}{\dfrac{l \cdot |\cos(a - \psi')|}{r} + s\,\dfrac{\sin\zeta}{\cos\zeta}} = q_7\,{}^{127)}$$

willst, von der tiefsten Stelle im Azimutkreise an ihm nach den beiden Richtungen, parallel zum Horizont. Was seine Richtung betrifft, so ergibt sie sich aus dem, was vorhergeht. Darauf nimm den Sinus totus und multipliziere ihn mit den Teilen der Länge des Stabes. Das Produkt dividiere sodann durch den Cosinus der Neigung des ruḫāma, das du haben willst, gegen das Zenit. Und was da herauskommt, multipliziere mit Ergebnis III. Das Produkt sind dann die Teile der Breite in dem ruḫāma von oben nach unten; ich meine: von der zum Horizonte parallelen Linie, die man in ihm (dem ruḫāma) durch den Fußpunkt seines zum Horizonte parallelen Stabes zieht, bis zu der Stelle, an der der Schatten auf es (das ruḫāma) auftrifft. Wir sprechen hier nur von derjenigen Seite des ruḫāma, die wirklich verwendet wird, das ist die obere.∵

Eine andere, allgemeine Angabe für die Berechnung des zweiten Verfahrens zur Herstellung der vierten, fünften und siebenten Art von den ruḫāmāt.

Da die Oberflächen dieser drei Arten von den ruḫāmāt gegen das Zenit geneigt sind und ihre Stäbe parallel zum Horizont liegen, gilt für sie alle insgesamt ein Herstellungsverfahren, nach dem sie aus den ihnen entsprechenden drei ruḫāmāt, gegen die sie geneigt sind, berechnet werden; und zwar die vierte Art aus der zweiten, die fünfte aus der dritten, und die siebente aus der sechsten. Das Verfahren besteht bei all diesen Arten darin, daß man die Teile der Länge und der Breite ausrechnet in dem ruḫāma, welches jenem ruḫāma entspricht, für den Zeitpunkt, den man haben will. Darauf nimm den

---

[127]) Die Formeln stellen eine Kombination der Berechnungen des fünften und sechsten ruḫāma dar (Ms.-S. 73/4 und 75/6). Statt der „Länge" und „Breite" vom ersten ruḫāma, „p" und „q", ist in der Berechnung des fünften ruḫāma für „p" „$\dfrac{l \cdot \sin|a - \psi'|}{r}$" und für „$q$" „$\dfrac{l \cdot |\cos(a - \psi')|}{r}$" eingesetzt, das sind die Projektionen des Schattens auf die Schnittkante der Ebene des siebenten ruḫāma mit dem Horizont und deren Senkrechte.

ψ' ist dabei der Richtungsunterschied zwischen der Nordsüdlinie und der Projektion der Verbindungslinie von dem „höchsten" mit dem „tiefsten" Punkte im ruḫāma auf den Horizont, während bei Verzeichnung des sechsten ruḫāma ψ der Winkel war zwischen der Nordsüdlinie und der Schnittkante des ruḫāma mit dem Horizont.

Auffallend ist, daß Ṯābit in diesem Abschnitt nur von der Differenz von α und ψ' spricht und nicht wie im vorigen Abschnitt auch die Möglichkeit ins Auge faßt, daß die beiden Winkel addiert werden müssen und daß die Summe dann einen stumpfen Winkel ergeben kann. Will er die Addition ausschließen, so besteht natürlich auch für die Differenz, die nach obiger Angabe gebildet wird, die Möglichkeit, daß sie einen stumpfen Winkel darstellt.

Sinus der Neigung des ruḫāma, das du haben willst, und multipliziere ihn mit den Teilen, welche in dem entsprechenden ruḫāma sich von 81 oben bis zu der Stelle erstrecken, die dem Schattenende gegenüberliegt, seien es nun Längen- oder Breitenteile, ganz gleichgültig. Das Produkt dividiere durch den Cosinus der Neigung des ruḫāma. Was da herauskommt, addiere zu den Teilen der Länge des Stabes, und durch die Summe dividiere die Teile der Länge des Stabes. Was da herauskommt, merke dir und multipliziere es mit den Teilen des ruḫāma, das deinem ruḫāma entspricht,

$$\frac{s}{\dfrac{p\cdot\sin\zeta}{\cos\zeta}+s}\cdot q = q'^{\,128)}$$

(und zwar denjenigen,) die sich nach den zwei Seiten, nicht denjenigen, welche sich von oben nach unten erstrecken, seien es nun Längen- oder Breitenteile; das Produkt sind dann die Teile von deinem ruḫāma, die sich nach den beiden Seiten erstrecken.·. Darauf nimm den Sinus totus und multipliziere ihn mit den Teilen, welche von oben nach unten liegen, von dem dem deinen entsprechenden ruḫāma. Das Produkt dividiere sodann durch den Cosinus der Neigung des ruḫāma. Und was da herauskommt, multipliziere mit dem, was du dir kurz vorher gemerkt hast. Dies Produkt sind dann die Teile in deinem ruḫāma, die sich von oben nach unten erstrecken, zu dem Zeitpunkt, den du haben willst.

$$\frac{r\cdot p}{\cos\zeta}\cdot\frac{s}{p\cdot\dfrac{\sin\zeta}{\cos\zeta}+s}=p'^{\,128)}$$

83 [129]) Im Namen Gottes, des barmherzigen Erbarmers.

Beschreibung der Verzeichnung des ruḫāma, das aus zwei rechtwinklig zusammengesetzten Flügeln besteht.

Du ziehst in der Längsrichtung der Oberfläche des ruḫāma auf ihren beiden Seiten zwei untereinander parallele Geraden wie die

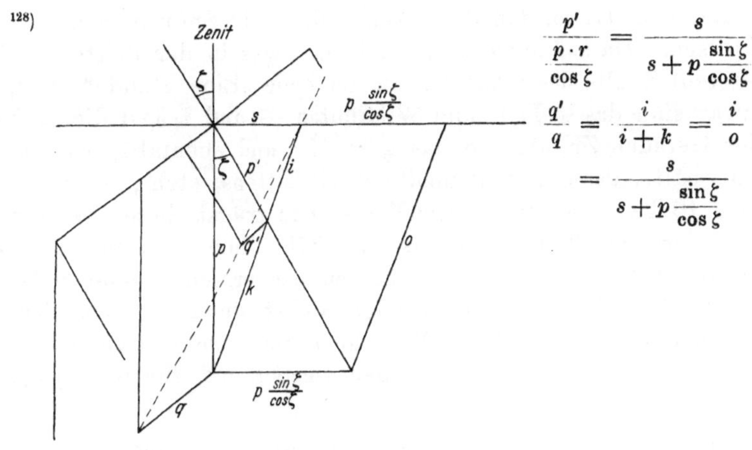

Fig. 25.

[129]) Siehe Einleitung, S. 12, Zeile 2.

beiden Geraden AB, ĞD und trägst die Gerade BH ungefähr gleich
einem Viertel der Geraden AB ab. Dann sei der Punkt H der Fußpunkt des Holzstabes, und du machst die Länge des Schaftes zu zwölf
Teilen und ziehst die Gerade HZ rechtwinklig zu den beiden untereinander parallelen Geraden derart, daß sie keine bleibende Spur auf
der Oberfläche des ruḥāma hinterläßt. Wenn sich dann der Holzstab
von der Geraden HZ zur Hälfte eines rechten Winkels erhebt, muß
die Gerade HZ die Wurzel aus 288 und der Punkt Z die Stelle sein,
an der das Lot von der Spitze des Holzstabes auftrifft. Dann ziehst 84
du für dich eine Gerade und teilst sie in 52 Teile, von denen je 12
zusammen gleich der Länge des Holzstabes sind. Darauf nimmst du
von diesen Teilen die Werte in den Zirkel, die in der ersten und
zweiten Spalte stehn — d. h. in den beiden Spalten des Azimuts —
in der Zeile „Aufgang der Sonne", — die beiden sind untereinander
gleich, jeder einzelne beträgt 6 Teile und 37 Minuten, einer von ihnen
ist nach Süden und der andere nach Norden (abzutragen) — und
setzest eine der beiden Zirkelspitzen auf den Punkt H und die andere
dorthin, wo sie auf beiden Seiten auftrifft. Dann fällt sie auf die
Punkte B und Ḥ. Der Schatten der Stabspitze liegt dann bei Aufgang
der Sonne, wenn diese im Zeichen des Krebses steht, auf dem Punkte B,
und wenn sie im Zeichen des Steinbocks steht, auf dem Punkte Ḥ.
Darauf nimmst du an der unterteilten Geraden auch den Wert in den
Zirkel, der in der ersten Spalte steht in der Zeile „Eine Stunde",
nämlich 4 und ein Viertel Teil, und trägst damit die Strecke HK ab 85
auf dem, was nach Süden liegt, und auch den, der in der zweiten
Spalte steht, nämlich 8 Teile und 43 Minuten, und trägst damit die
Strecke HṬ ab auf dem, was nach Norden liegt, und ziehst die Geraden KZ und ṬZ so, daß diese keine bleibende Spur in dem ruḥāma
hinterlassen. Darauf nimmst du auch das, was in der dritten Spalte,
der (ersten) Spalte des Schattens, in der Zeile „Eine Stunde" steht, —
und zwar sind das 13 Teile und 57 Minuten — und trägst diesen Wert
auf der Geraden ZK ab, und das gibt ZL; und ebenfalls, was in der
vierten Spalte, der (zweiten) Spalte des Schattens, steht, — und zwar
sind das 16 Teile und 48 Minuten [130]) — und trägst diesen Wert dann
auf der Geraden ZṬ ab, und das gibt ZM. Ziehst du nun die Verbindungslinie ML, so fällt der Schatten der ersten Stunde stets auf
die Linie ML. Die übrigen Stunden stellst du nach dem Beispiel 86
hiervon her bis zur fünften. Was aber die sechste Stunde betrifft,
so nehmen wir nur das, was in der vierten und fünften [131]) Spalte

---

[130]) In der Tafel sind nur 8 Minuten verzeichnet, was den von mir errechneten
16 T 11′ näher kommt.

[131]) Richtiger wäre: „in der dritten und vierten Spalte".

steht, und tragen den Wert, der in jeder einzelnen von ihnen sich findet, auf der Geraden ZĞ ab. Das gibt die beiden Strecken ZN und ZS. Dann ist die Stelle, an der der Schatten der Stabspitze zur Mittagszeit auftrifft, für den Krebs im Punkte N und für den Steinbock im Punkte S. Darauf ziehen wir zwei Linien durch die äußersten Punkte der Stunden, wie die Linien ḤMS und BLN, und verzeichnen die andere Oberfläche von dem ruḫāma auf die gleiche Weise, so Gott will [132]).∵

87

Die Stunden	Azimut des Krebses 1	Azimut des Steinbocks 2	Schatten des Krebses 3	Schatten des Steinbocks 4
Sonnenaufgang	6T 37'	6T 37'	0	0
1.	Süden 4T 15'	8T 43'	13T 57'	16T 8'
2.	Süden 2T 48'	11T 45'	11T 10'	14T 47'
3.	Süden 0T 25'	16T 30'	8T 53'	13T 48'
4.	Norden 1T 56'	25T 16'	6T 38'	13T 41'
5.	Norden 6T 42'	51T 50'	4T 10'	14T 47'
6.	Norden 0	0	2T 10'	18T 54'

[132]) Das in diesem Kapitel gegebene Beispiel für die Verzeichnung einer Sonnenuhr ist eine um 45° gegen den Horizont und Meridian geneigte Morgen- und Abenduhr, die aus zwei dachförmig zusammengesetzten Hälften besteht, deren First in die Nord-südlinie fällt. Ihre Zeiger liegen parallel zum Horizont und weisen nach Osten und Westen. Die Spitzen derselben befinden sich genau senkrecht über den beiden unteren Kanten der Dachflächen. Die Uhr gehört zu der auf den Ms.-Seiten 51 ff. behandelten vierten Art der ruḫāmāt. Die einzige dem Traktat beigefügte Figur stellt eine Skizze für die Verzeichnung dieser Uhr dar. Die genauen Maßzahlen der einzelnen abzu-tragenden Strecken gibt eine Tabelle, die auf der Seite vor der Skizze steht. In dieser werden die Schattenlängen in den Teilen (aǧzāʾ) und Minuten (daqīqa) des miqjās, des schattenwerfenden „Maßstabes" der Uhr, angegeben; ebenso die Kotangentenstrecken der Azimutwinkel, in der gleichen Einheit gemessen, bezogen auf den 12 Teile langen miqjās als konstante Gegenkathete.

Die Zahlen der beiden letzten Spalten in der siebenten Zeile der Tafel stellen die Kotangenten der Sonnenhöhe zur Mittagszeit im Sommer- und Wintersolstitium dar. Die halbe Summe der beiden zugehörigen Winkel ergibt die Schiefe der Ekliptik; das Komplement der halben Differenz derselben die geographische Breite des Aufstellungs-ortes der Uhr: $\varepsilon = 23^\circ 40' 35''$; $\varphi = 33^\circ 54' 40''$. Daß beide Werte ungenau sind,

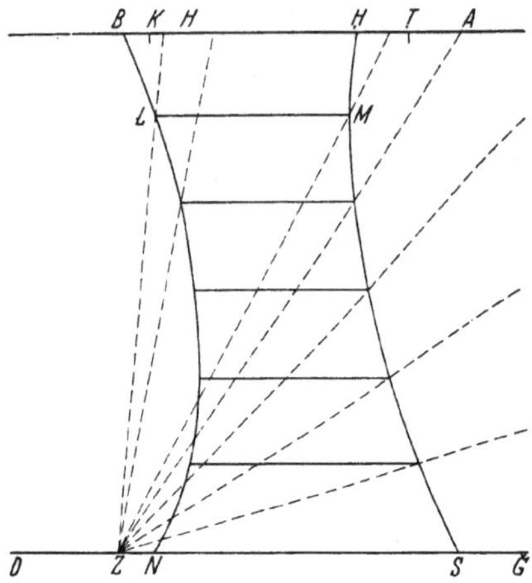

88

Im Namen Gottes, des barmherzigen Erbarmers. 89

Wenn du den Schatten der siebenten Stunde wissen willst für den Gipfelpunkt des Steinbocks in dem aufrecht stehenden ruḫāma, so nimm den Zeitabschnitt einer Stunde von den Stunden des Gipfelpunktes des Steinbocks, setze ihn in den Sinus und multipliziere diesen mit dem Cosinus der gesamten Deklination [133]) und dividiere das Ergebnis durch den Sinus totus — und der beträgt 150 —. Was da herauskommt, merke dir und nimm davon

$$\frac{\sin \dfrac{t_0}{6} \cdot \cos \varepsilon}{r} = \sin \omega$$

zeigt schon eine nachprüfende Berechnung der Breite aus den Angaben der beiden ersten Spalten in der ersten Zeile. Unter Voraussetzung des genannten Wertes für ε hat φ hier die Größe von 33° 43′ 53″, womit sich eine Differenz von über 10 Minuten gegen den ersten Wert ergibt. Der Fehler fällt den ungenauen Kotangenten- und Sinusstrecken Ṯābit's zur Last.

Die Schiefe der Ekliptik betrug nach den Angaben Nallino's (Op. astr. I, S. 160) zur Zeit Ṯābit's 23° 35′ 17″. Al-Battānī rechnete mit 23° 35′, ebenso die Banū Mūsā. Von Ṯābit sagt Nallino unter Berufung auf Delambre und Ḥabaš, er habe in seinen Werken 23° 33′ für die Schiefe der Ekliptik angenommen.

Nachgerechnet für die Breite von 34° 5′ 39″ bei einer Ekliptikschiefe von 23° 27′ 30″ und für die Breite von 33° 56′ 59″ unter Annahme einer Ekliptikschiefe von 23° 35′ 17″ ergaben sich im Durchschnitt sehr geringe, aber ziemlich ungleiche Differenzen von wenigen Minuten mit den Tabellenwerten, die sich meines Erachtens nur durch Unvollkommenheit der trigonometrischen Tafeln Ṯābit's erklären lassen.

Von den so ausgeführten Rechnungen kam die zweite den Werten in den ersten beiden Spalten der Tabelle (den Spalten des Azimuts) näher als die erste. Bezüglich der dritten und vierten Spalte (der Schattenlängen) ergaben sich in beiden Rechnungen nahezu die gleichen Differenzen mit der Tabelle.

Ein sicherer Schluß auf eine genaue Ortsbreite der Uhr wie auch die von Ṯābit verwendete Schiefe der Ekliptik läßt sich nicht tun.

[133]) Schiefe der Ekliptik.

den Arcus, ziehe diesen von 90° ab und nimm von dem Rest den
Sinus. Diesen multipliziere mit 12 und dividiere das Ergebnis
durch das, was du dir gemerkt hast. Was da herauskommt,
sind dann die Finger [134]) des Schattens [135]).

Ich habe dies alles abgeschrieben aus dem „Dustūr" (Regelbuch?
Musterwerk? Zusammenstellung?) des Abū 'l-Ḥasan Ṯābit b. Qurra —
Gott habe Gefallen an ihm — welcher von seiner Hand ist.

Und geschrieben hat (es) Ibrāhīm b. Hilāl b. Ibrāhīm b. Zahrūn [136])
im Ḏū 'l-Ḥiǧǧa des Jahres 370.

Ich habe damit diesen Dustūr verglichen, und es war in Ordnung,
Gott sei Dank [137]).

---

[134]) Ist der Stab in 12 Teile unterteilt, so heißen dieselben „Finger".

[135]) Der letzte Abschnitt dieser Abhandlung scheint ein Zusatz zu sein, der ursprüng-
lich nicht zu der Arbeit Ṯābit's gehörte. Er behandelt einen kleinen Ausschnitt aus dem
Kapitel über das zweite ruḫāma, die Morgen- und Abenduhr (Ms.-S. 19—22). Die ange-
gebenen Formeln bieten nichts Neues. Die mathematische Ausdrucksweise ist wesentlich
anders als bisher: der Cosinus heißt hier sehr umständlich „Sinus der Ergänzung zu 90°"
(جيب تمام ... الى تسعين جزءا). Das zweite ruḫāma wird الوخامة القائمة, „das
stehende ruḫāma", genannt; der Sinus totus heißt nicht mehr الجيب الاعظم, sondern
جملة الجيب und hat den ungewöhnlichen Wert von 150', während sonst seine Maß-
zahl nicht besonders erwähnt wird, also wohl, wie allgemein üblich, 60 aǧzā' beträgt.
Schon der vorige Abschnitt, der ein praktisches Beispiel für die Verzeichnung eines
ruḫāma gibt, unterscheidet sich in der Ausdrucksweise von der eigentlichen Abhandlung.
Der schattenwerfende Stab wird sonst ausschließlich مقياس genannt, hier heißt er nur
عود, eine Bezeichnung, die ich bisher nirgends in der Literatur belegt fand.

[136]) Siehe Suter, Die Mathematiker und Astronomen der Araber und ihre Werke,
Seite 70.

[137]) Der letzte Satz scheint mir, nach der Schrift zu urteilen und nach seiner Stellung in der Mitte der letzten Zeile, die auch nicht den gewöhnlichen Zeilenabstand
hat, später hinzugefügt zu sein. Vermutlich stammt er von demselben Leser, der
häufiger am Rande مجرب oder مجربة, „geprüft" oder „erprobt", vermerkt hat. (Siehe
Einleitung, Seite 12).

Literatur.

Zitiert Seite

A. Björnbo, Thabits Werk über den Transversalensatz (liber de figura
sectore). Mit Bemerkungen von H. Suter. Herausgegeben und er-
gänzt durch Untersuchungen über die Entwicklung der muslimischen
sphärischen Trigonometrie von Dr. H. Bürger und Dr. K. Kohl. Er-
langen 1924. (Abhandlungen zur Geschichte der Naturwissenschaften
und der Medizin. Heft VII) 5. 6

A. von Braunmühl, Vorlesungen über Geschichte der Trigonometrie.
1. Teil. Von den ältesten Zeiten bis zur Erfindung der Logarithmen.
Leipzig 1900 . . . . 3. 4. 5, Anm. 19. 42, Anm. 79. 49, Anm. 87

M. Cantor, Vorlesungen über Geschichte der Mathematik. 1. Bd. 4. Aufl.
Von den ältesten Zeiten bis zum Jahre 1200 n. Chr. Berlin 1922   4

Delambre, Histoire de l'Astronomie ancienne. Paris 1817. T. 2 . .   4. 7

Delambre, Histoire de l'Astronomie du moyen âge. Paris 1819 . .   7

J. Drecker, Theorie der Sonnenuhren. (E. v. Bassermann-Jordan: Geschichte der Zeitmessung und der Uhren. Bd. 1. Lieferung E.
Berlin-Leipzig 1925) . . . . . 8. 8, Anm. 34, 38, 40. 10, Anm. 43, 44. 11

Ginzel, Handbuch der Chronologie. Bd. 1. Leipzig 1906 . . . . 10, Anm. 44 a

L. Ideler, Handbuch der mathematischen und technischen Chronologie.
Berlin 1825—26, 2 Bde. . . . . 10, Anm. 44 a

J. Littrow, Gnomonik oder Anleitung zur Verfertigung aller Arten von
Sonnenuhren. Wien 1838.

H. Löschner, Über Sonnenuhren, Beiträge zu ihrer Geschichte und Konstruktion nebst Aufstellung einer Fehlertheorie. Graz 1905.

H. Michnik, Beiträge zur Theorie der Sonnenuhren. 1. Teil. Leipzig
1914 . . . . 7. 7, Anm. 25

C. A. Nallino, Al-Battānī sive Albattenii Opus Astronomicum. P. I—III.
Mediolani 1899—1907 . 1, Anm. 1. 3, Anm. 7, 8. 4. 6, Anm. 21. 8, Anm. 35.
52, Anm. 88. 75, Anm. 132

J. Ruska, Zur ältesten arabischen Algebra und Rechenkunst. (Sitzungs-
berichte der Heidelberger Akademie der Wissenschaften, Philos.-hist.
Klasse, Jg. 1917. 2. Abh.) . . . . 67, Anm. 113

C. Schoy, Arabische Gnomonik. (Archiv der deutschen Seewarte. 36. Jg.
1913) . . . . 2, Anm. 4. 4. 6. 7. 8, Anm. 36. 8/9

C. Schoy, Gnomonik der Araber. (E. v. Bassermann-Jordan: Geschichte
der Zeitmessung und der Uhren. Bd. 1. Lieferung F. Berlin-
Leipzig 1923) . . . . 1, Anm. 1. 2, Anm. 4. 6, Anm. 20

C. Schoy, Das 20. Kapitel der großen Hakemitischen Tafeln des Ibn
Jūnis: „Über die Berechnung des Azimuts aus der Höhe und der
Höhe aus dem Azimut". (Annalen der Hydrographie und maritimen
Meteorologie, 48. Jg. 1920) . . . . 5, Anm. 17

C. Schoy, Die trigonometrischen Lehren des persischen Astronomen Abū
al-Raiḥān Muḥ. b. Aḥmad al-Bīrūnī, dargestellt nach al-Qānūn al-
Masʿūdī. Hannover 1927   7

C. Schoy, Mittagslinie und Qibla. Notiz zur Geschichte der mathematischen Geographie. (Zeitschrift der Gesellschaft für Erdkunde zu
Berlin 1915.   No. 9, S. 558—576) . . . . 52, Anm. 88
C. Schoy, Die Sonnenuhren der Araber in ihrer Bedeutung für die arabische Astronomie und Religion. (Naturwissenschaftliche Wochenschrift 1911) . . . . 6, Anm. 24. 9
C. Schoy, Sonnenuhren der spätarabischen Astronomie. (Isis, International Review, devoted to the History of Science and Civilization,
No. 18.   Vol. VI (3).   1924) . . . . 9, Anm. 42. 10
C. Schoy, Elementare Theorie der ebenen Sonnenuhren nebst einigen
speziellen Bemerkungen zur Gnomonik der Araber. (Zeitschrift für
den mathematischen und naturwissenschaftlichen Unterricht aller
Schulgattungen.   49. Jg.   2. H.   1918)   7
J. J. Sédillot, Traité des instruments astronomiques des Arabes.   Paris
1834 . . . . 4, Anm. 11. 7. 58, Anm. 102
H. Suter, Die Mathematiker und Astronomen der Araber und ihre Werke.
Leipzig 1900 . . . . 12, Anm. 46. 77, Anm. 136
J. Tropfke, Geschichte der Elementarmathematik in systematischer Dar-
stellung.   2. Aufl.   Berlin u. Leipzig 1921 bis 1924. . . . . .   3, Anm. 8
E. Wiedemann u. J. Frank, Über die Konstruktion der Schattenlinien
auf horizontalen Sonnenuhren von Ṯābit ben Qurra. (Det Kgl.
Danske Videnskabernes Selskab.   Mathematisk-fysiske Meddelelser.
IV, 9.   København 1922) . . . . 2. 6, Anm. 23
R. Wolf, Handbuch der Astronomie, ihrer Geschichte und Literatur.
Zürich 1890—93, 2 Bde.   8

Register.

Die Zahlen des Registers weisen auf die am Kopf bezeichneten Seiten der Abhandlung hin. Bei Bezugnahme auf die Seiten des Stambuler Manuskripts, die im arabischen Text wie in der Übersetzung am Rande angegeben sind, ist der Zahl der Vermerk „Ms.-S." vorangestellt.

Quellen und Studien
zur Geschichte der Mathematik
Astronomie und Physik

Begründet von O. Neugebauer, J. Stenzel, O. Toeplitz

Herausgegeben von

O. Neugebauer und **O. Toeplitz**
Kopenhagen   Bonn

Abt. A   Abt. B

Quellen   Studien

Erscheinen zwanglos in einzeln berechneten Heften

Arabisch

Stambuler Handschriften islamischer Mathematiker. Von M. Krause. (Aus Abteilung B, Band 3, Heft 4.) Gesamtumfang des Heftes: 159 Seiten mit 25 Textabbildungen. 1936. RM 26.60

The Mishnat ha-Middot. The first Hebrew Geometry of about 150 C.E. and **The Geometry of Muhammad ibn Mūsā al-Khowārizmī.** The first Arabic Geometry (C. 820), representing the Arabic Version of the Mishnat ha-Middot. A new edition of the Hebrew and Arabic texts with introduction, translation and Notes by Solomon Gandz. (Abteilung A, Band 2.) With 14 figures in the text and 4 plates. IX, 96 pages. 1932. RM 24.—

Die Euklid-Überlieferung durch Aṭ-Ṭûsî. Von Cl. Thaer. (Aus Abteilung B, Band 3, Heft 2.) Gesamtumfang des Heftes: 172 Seiten mit 14 Textabbildungen. 1936. RM 22.60

Der Hultsch-Cantorsche Beweis von der Reihenfolge der Buchstaben in den mathematischen Figuren der Griechen und Araber. Von Solomon Gandz. (Aus Abteilung B, Band 2, Heft 2.) Gesamtumfang des Heftes: 130 Seiten mit 13 Textabbildungen. 1932. RM 17.—

Ṯābit b. Qurra's Abhandlung über einen halbregelmäßigen Vierzehnflächner. Von E. Bessel-Hagen und O. Spies. (Aus Abteilung B, Band 2, Heft 2.) Gesamtumfang des Heftes: 130 Seiten mit 13 Textabbildungen. 1932. RM 17.—

Das Buch über die Ausmessung der Kreisringe des Aḥmad ibn 'Omar al-Karābīsī. Von E. Bessel-Hagen und O. Spies. (Aus Abteilung B, Band 1, Heft 4.) Gesamtumfang des Heftes: 132 Seiten mit 64 Textabbildungen. 1931. RM 24.80

Bemerkungen zum „Buch über die Ausmessung der Ringe des Aḥmad ibn 'Omar al-Karābīsī". Von Solomon Gandz. (Aus Abteilung B, Band 2, Heft 2.) Gesamtumfang des Heftes: 130 Seiten mit 13 Textabbildungen. 1932. RM 17.—

Verlag von Julius Springer in Berlin